西咸新区海绵城市
生物滞留设施地被植物
设计导则与实施案例

Guideline for Design and Implementation
of Groundcover Plants of Bioretention Facilities
in the Sponge City of Xixian New Area

西安建筑科技大学
陕西省西咸新区沣西新城管理委员会　　**组织编写**

刘晖　邓朝显　王晶懋　梁行行　许博文　著

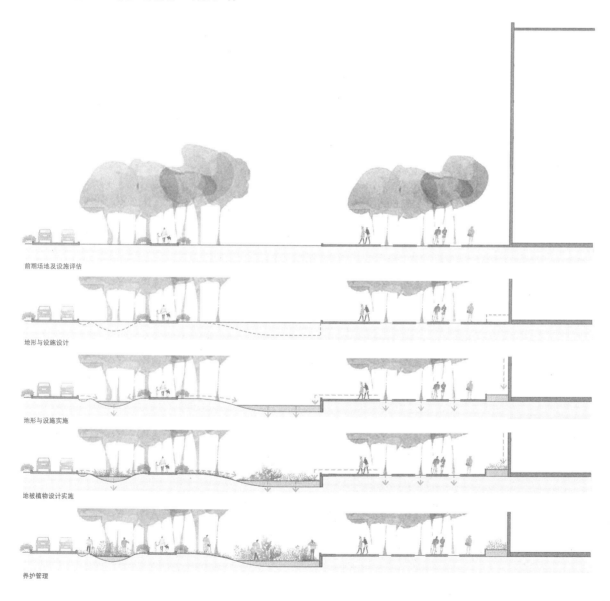

前期场地及设施评估

地形与设施设计

地形与设施实施

地被植物设计实施

养护管理

中国建筑工业出版社

图书在版编目（CIP）数据

西咸新区海绵城市生物滞留设施地被植物设计导则与
实施案例 = Guideline for Design and Implementation
of Groundcover Plants of Bioretention Facilities
in the Sponge City of Xixian New Area / 刘晖等著；
西安建筑科技大学，陕西省西咸新区沣西新城管理委员会
组织编写 . —北京：中国建筑工业出版社，2020.12
　　ISBN 978-7-112-25417-0

　　Ⅰ.①西… Ⅱ.①刘… ②西… ③陕… Ⅲ.①城市绿
地—地被植物—生物净化—研究—陕西 Ⅳ.① TU985.241

　　中国版本图书馆 CIP 数据核字（2020）第 167494 号

本导则的编制是基于西咸新区沣西新城海绵城市应用基础研究与技术开发计划项目"西北地区生物滞留设施景观植物群落适宜性设计研究"的课题研究，旨在提出生物滞留设施地被植物种植设计方法和技术途径，对推进海绵城市建设具有重要意义。

第 1 部分为设计实施技术导则，内容是总则、术语、一般规定、前期场地及设施评估、植物选择与种植设计、植物栽植施工、养护管理；第 2 部分为设计实施案例分析。

责任编辑：杨　琪　兰丽婷
责任校对：赵　菲

西咸新区海绵城市生物滞留设施地被植物设计导则与实施案例
Guideline for Design and Implementation of Groundcover Plants of
Bioretention Facilities in the Sponge City of Xixian New Area
西安建筑科技大学
　　　　　　　　　　　　组织编写
陕西省西咸新区沣西新城管理委员会
刘晖　邓朝显　王晶懋　梁行行　许博文　著
　　　　＊
中国建筑工业出版社出版、发行（北京海淀三里河路9号）
各地新华书店、建筑书店经销
北京点击世代文化传媒有限公司制版
北京建筑工业印刷厂印刷
　　＊
开本：850毫米×1168毫米　1/16　印张：8¼　字数：128千字
2020年12月第一版　2020年12月第一次印刷
定价：88.00元
ISBN 978-7-112-25417-0
　　　（36415）

主要起草人员：

陕西省西咸新区沣西新城领导组：

      刘宇斌　甘　旭　杨建柱

陕西省西咸新区沣西新城海绵技术中心：

      邓朝显　梁行行　马　笑　马　越　张　哲　姬国强　石战航

      胡艺泓　王　芳　闫　咪

沣西新城开发建设（集团）有限公司绿化工程项目管理部：

      孙　浩

西安建筑科技大学：

      刘　晖　王晶懋　许博文　李仓拴　张　顺　鲍　璇　邹子辰

      安　婷　裴进文　陈　宇　李云昀　郭　锋　李　青　刘文婷

审查专家：

      成玉宁（东南大学）

      徐育红（西安市古建园林设计研究院）

      王　芳（西安市园林研究所）

      聂西省（西安市城市规划设计研究院）

      石　辉（西安建筑科技大学）

前　言

本导则的主要技术内容是：1 总则；2 术语；3 一般规定；4 前期场地及设施评估；5 植物选择与种植设计；6 植物栽植施工；7 养护管理。

本导则由西咸新区沣西新城管理委员会海绵中心负责管理，由西安建筑科技大学西北地景研究所负责具体技术内容的解释。在本导则执行过程中，请各单位注意收集资料，总结经验，并将有关意见和建议反馈给西安建筑科技大学西北地景研究所（地址：陕西省西安市碑林区雁塔路 13 号，西安建筑科技大学建筑学院，邮编：710055）。

本导则的编制是基于西咸新区沣西新城海绵城市应用基础研究与技术开发计划项目"西北地区生物滞留设施景观植物群落适宜性设计研究"（项目号：2017022）的课题研究，旨在提出生物滞留设施地被植物种植设计方法和技术途径，对推进海绵城市建设具有重要意义。本导则的内容和研究成果还得到国家自然科学基金"西北城市绿地生境多样性营造多解模式设计方法研究"（项目批准号：51878531）、国家自然科学基金"西北大中城市绿地 - 生境营造模式及适应性设计方法研究"（项目批准号：51278410）、国家自然科学青年基金"气候变化下的关中地区城市灌丛地被群落固碳效益提升策略研究"（项目批准号：31800604）、陕西省自然科学基础研究计划重点项目（编号：2019JZ-48）以及住房和城乡建设部科技计划项目"西北地区生物滞留设施景观植被适宜性设计和维护策略研究"（项目编号 2018-K7-002）共同资助。

目 录

第 1 部分　西咸新区海绵城市生物滞留设施地被植物设计实施技术导则 1

1 总则 3

2 术语 4

3 一般规定 6

   3.1 设计实施原则 6

   3.2 设计实施流程 6

4 前期场地及设施评估 8

5 植物选择与种植设计 10

   5.1 植物选择 10

   5.2 种植设计要点 13

6 植物栽植施工 17

   6.1 栽植时间 17

   6.2 栽植要点 17

7 养护管理 18

   本导则用词说明 19

   附录 1　西咸新区生物滞留设施地被植物推荐表 20

   附录 2　西咸新区生物滞留设施地被植物配置模式推荐表 28

   附录 3　西咸新区生物滞留设施地被植物管理维护表 32

   附录 4　编制依据名录 33

第 2 部分　西咸新区沣西新城海绵城市设施实施方案分析 35

8 案例背景 37

   8.1 西咸新区沣西新城自然环境条件 38

   8.2 西咸新区规划概况 39

   8.3 西咸新区沣西新城海绵城市建设概况 40

   8.4 "西北地区生物滞留设施景观植物群落适宜性设计研究"课题研究背景及内容 41

9 案例分析 44

   9.1 案例选取的依据和类型 45

9.2 康定和园生物滞留设施案例分析 46

9.3 沣润和园生物滞留设施案例分析 56

9.4 管委会总部经济园生物滞留设施案例分析 59

9.5 秦皇大道生物滞留设施案例分析 66

9.6 康定路生物滞留设施案例分析 81

9.7 永平路生物滞留设施案例分析 84

9.8 白马河公园生物滞留设施案例分析 90

10 生物滞留设施基本形式和地被植物种植设计模式 93

10.1 生物滞留设施基本形式 95

10.2 生物滞留设施地被植物种植设计 104

CONTENTS

Part 1   Guideline for Design and Implementation of Groundcover Plants of Bioreten-
tion Facilities in the Sponge City of Xixian New Area 1

1   General Principle 3

2   Terminology 4

3   General Regulations 6

  3.1   Design Principles 6

  3.2   Design Process 6

4   Preliminary Site and Facility Assessment 8

5   Plant Selection and Planting Design 10

  5.1   Plant Selection 10

  5.2   Planting Design 13

6   Planting and Construction 17

  6.1   Planting Time 17

  6.2   Planting Key Point 17

7   Maintenance Management 18

  Desciption of Terms Used in This Guideline 19

  Appendix 1: Table of Recommended Ground-cover Plant for Bioretention Facilities in Xixian New
      Area 20

  Appendix 2: Table of Recommended Plant Configuration Mode for Bioretention Facilities in Xixian
      New Area 28

  Appendix 3: Table of Management and Maintenance of Bioretention Facilities Ground-cover plants in
      Xixian New Area 32

  Appendix 4: The List of Compilatory Basis 33

Part 2   Case Analysis for Design and Implementation of Bioretention Systems in the
Sponge City of Fengxi New City, Xixian New Area 35

8   Case Background 37

  8.1   Natural Environmental Conditions of Fengxi New City, Xixian New Area 38

8.2   Planning Overview of Xixian New Area 39

8.3   General Situation of Sponge City Construction in Fengxi New City, Xixian New Area 40

8.4   Research Background and Content of "Study of Adaptability Design of Landscape Plant Community of Bioretention Facilities in Northwest China" 41

9   Case Study 44

9.1   The Basis and Type of Case Selection 45

9.2   Case Study of Bioretention Facilities in Kangding heyuan Residential Area 46

9.3   Case Study of Bioretention Facilities in Fengrun heyuan Residential Area 56

9.4   Case Study of Bioretention Facilities in Management Committee's Administrative Headquarters Campus 59

9.5   Case Study of Bioretention Facilities in Qinhuang Road 66

9.6   Case Study of Bioretention Facilities in Kangding Road 81

9.7   Case Study of Bioretention Facilities in Yongping Road 84

9.8   Case Study of Bioretention Facilities in Baima River Park 90

10   Basic Forms of Bioretention Facilities and Planting Design Patterns of Groundcover Plants 93

10.1   Basic Forms of Bioretention Facilities 95

10.2   Planting Design of Groundcover Plants of Bioretention Facilities 104

第 1 部分

Part 1

西咸新区海绵城市生物滞留设施地被植物设计实施技术导则

Guideline for Design and Implementation of
Groundcover Plants
of Bioretention Facilities
in the Sponge City of Xixian New Area

1 **总则**
General Principle

2 **术语**
Terminology

3 **一般规定**
General Regulations

4 **前期场地及设施评估**
Preliminary Site and Facility Assessment

5 **植物选择与种植设计**
Plant Selection and Planting Design

6 **植物栽植施工**
Planting and Construction

7 **养护管理**
Maintenance Management

1　总则 General Principle

1.0.1　为指导海绵城市建设中生物滞留设施地被植物种植设计、实施与维护，保障生物滞留设施的建设质量，体现地被植物在生物滞留设施中的功能性、生态性和美观性，充分发挥生物滞留设施在雨水下渗、滞留、蓄存、净化、利用、排放中的作用，特制定本技术导则。

1.0.2　生物滞留设施植物种植设计、实施与维护应符合国家有关法律法规、标准规范的规定。

1.0.3　本技术导则适用于陕西省西咸新区，西北地区半湿润和半干旱地区可参照执行。全国其他地区可参考本技术导则，根据当地实际情况予以调整，保障生物滞留设施地被植物的设计、实施与维护切实可行。

2 术语 Terminology

2.0.1 生物滞留设施 Bioretention Facility

海绵城市建设中的生物滞留设施是通过植物群落、土壤介质和微生物系统在地势较低的区域，以下渗、滞留、蓄存、净化、利用、排放雨水为基本功能的设施。根据内部构造的不同，分为简易型生物滞留设施和复杂型生物滞留设施；根据设施形态和应用场所的不同，分为雨水花园、生物滞留带、高位花坛和生态树池等。

2.0.2 简易型生物滞留设施 Simple Bioretention Facility

一般由植被层、覆盖层、土壤介质层、溢流口（连通雨水管渠）等结构组成，外侧及底部不做防渗处理。

2.0.3 复杂型生物滞留设施 Complex Bioretention Facility

一般由植被层、覆盖层、土壤介质层、砂层、砾石层、溢流口及其他排水设施（连通雨水管渠）组成，外侧及底部做防渗处理。

2.0.4 功能主导型生物滞留设施 Functional Oriented Bioretention Facility

通过针对性的设施内部构造设计和地被植物选择与配植，具有较强的净化污染、控制径流量、促进雨水渗透等功能性，同时具备其他基本功能的生物滞留设施。

2.0.5 景观主导型生物滞留设施 Aesthetical Oriented Bioretention Facility

通过针对性的地被植物选择与配植，具有较强的观赏效果，同时具备其他基本功能的生物滞留设施。

2.0.6 综合型生物滞留设施 Comprehensive Bioretention Facility

兼具净化污染、控制径流量、促进雨水渗透等功能性和观赏效果，同时具备其他基本功能的生物滞留设施。

2.0.7 蓄水区 Storage Area

生物滞留设施中地势最低的区域，是雨水下渗、滞留、蓄存、净化的主要功能区，主要位于生物滞留设施中部。

2.0.8 缓冲区 Buffer Area

生物滞留设施中地势高于蓄水区、低于边缘区的区域，极端降雨条件下会被淹没，是蓄水区向边缘区过渡的环状区域。

2.0.9 边缘区 Marginal Area

生物滞留设施中地势最高的区域，是缓冲区以外至场地边界的环状区域。

2.0.10　地被植物 Groundcover Plant

自然生长高度或者经修剪后高度在 2 m 以下，最下分枝较贴近地面，成片种植后枝叶密集，能较好地覆盖地面，形成一定的景观效果，并具较强扩展能力的植物，包括木本、草本、藤本及多肉植物。

2.0.11　功能主导型地被植物 Functional Oriented Groundcover Plant

在生物滞留设施中以去除污染物、控制径流量和促进雨水渗透等为主要功能的地被植物。

2.0.12　景观主导型地被植物 Aesthetical Oriented Groundcover Plant

在生物滞留设施中以提升美学观赏效果为主要功能的地被植物。

2.0.13　乡土植物 Native Plant

本地固有的植物物种和经过长期的自然选择及物种演替后对某一特定地区有高度生态适应性的自然植物区系成分的总称。

2.0.14　原生土 Natural Soil

未掺用土壤代用品的原生土壤。

2.0.15　介质土 Medium Soil

用土壤代用品（沙子、蛭石、珍珠岩、椰糠等）与原生土按一定比例混配后形成的混合土壤。

2.0.16　土壤水分适宜区 Soil Moisture Suitability Area

土壤含水率在 12% ～ 18% 之间，适宜绝大多数中生植物生长的区域。

2.0.17　土壤水分偏湿区 Soil Moisture Humidification Area

土壤含水率在 18% ～ 25% 之间，土壤水分未达到饱和，但接近甚至超过土壤田间持水量，土壤表现为潮湿状态的区域。

2.0.18　土体偏紧区 Soil Tightening Area

土壤容重值在 1.25 ～ 1.35g/cm^3 之间，土壤通气性好，具有较好保水保肥能力的区域。

2.0.19　土体紧实区 Soil Compaction Area

土壤容重值在 1.35 ～ 1.45g/cm^3 之间，对根系较浅的植物的生长会产生不良影响的区域。

2.0.20　径流控制 Streamflow Control

指通过下渗、滞留、蓄存的方式减少地表雨水径流量的措施。

2.0.21　渗透能力 Infiltration Capacity

指单位时间内，单位面积地表土壤的渗水量。

3 一般规定 General Regulations

3.1 设计实施原则 Design Principles

3.1.1 生物滞留设施地被植物设计与实施应考虑设施所在场地的环境和功能定位，遵循方案设计的总体要求，杜绝一切安全隐患，并兼顾场地的生态、美化、游憩等功能。

3.1.2 生物滞留设施地被植物设计与实施应满足生物滞留设施的基本功能需求，并根据当地气候条件和生物滞留设施的内部生境条件进行平面布局，促进生物滞留设施发挥各项功能。

3.1.3 生物滞留设施地被植物设计与实施应与场地周边的城市景观和自然环境相协调，全面考虑观赏效果和整体种植效果，兼顾地被植物的季相变化、旱季和雨季的生长差异以及近期和远期的景观效果。

3.1.4 地被植物的选择与配植应根据植物群落设计原理，构建具有演替能力和趋向稳态的植物群落，并避免种间产生不良竞争。

3.1.5 生物滞留设施地被植物栽植施工应根据场地条件和植物特性采用不同的建植方式，如：播种、穴植、扦插、压条等。

3.2 设计实施流程 Design Process

3.2.1 生物滞留设施地被植物设计与实施流程包括前期场地分析评估、确定目标、地被植物选择、地被植物配植设计、地被植物栽植施工和地被植物养护管理。

3.2.2 前期场地分析评估。应分析评估生物滞留设施所在场地的特征和问题，明确生物滞留设施的主要功能需求。

3.2.3 确定目标。应根据生物滞留设施的主要功能需求，在满足场地设计目标和指标要求的基础上，确定地被植物的设计目标。

【条文说明】生物滞留设施地被植物的设计目标的确定，还应结合场地条件与特点、项目定位、工程造价、后期养护管理等因素。

3.2.4 地被植物选择。根据地被植物的设计目标以及生物滞留设施的生境条件选择地被植物，所选植物应体现其防止水土流失、去除污染物和提高景观效果等方面的作用。

【条文说明】生物滞留设施地被植物宜根据场地的日照条件、竖向关系、土壤介质、水文时空分布、水量水质等因素，综合考虑植物种类的选择，同时应考虑极端天气对植物的影响。

3.2.5　地被植物配植设计。应结合场地及生物滞留设施的功能定位和景观需求进行植物平面布局和立面设计。

【条文说明】生物滞留设施地被植物种植设计应满足设施的基本功能，明确该设施在耐污染性、径流控制及观赏等方面的定位和需求，应考虑种植设计的造价、建植实施和后期维护管理等因素，并协调处理好生物滞留设施植物与周围环境的关系。

3.2.6　地被植物建植实施。地被植物的建植实施应按照种植设计方案、建植施工方案进行，应确保生物滞留设施各项功能的有效落实。

【条文说明】生物滞留设施地被植物建植实施应确保设施的地形在施工后仍符合设计要求，使设施的进水、蓄渗、排水等各项功能能够有效发挥。

3.2.7　地被植物养护管理。应依据植物生长特性和实际生长情况制定和调整管理养护措施，保障生物滞留设施的有效运行和长期稳定。

4 前期场地及设施评估 Preliminary Site and Facility Assessment

4.0.1 应结合生物滞留设施所在场地的设计目标，对场地的径流量、主要污染物类型、污染程度、土壤性质和日照特点进行分析，明确生物滞留设施的主要功能需求，确定生物滞留设施地被植物的设计目标。

4.0.2 生物滞留设施主要功能需求可分为功能主导型、景观主导型和两者兼顾考虑的综合型三个类别，应根据功能需求对生物滞留设施地被植物进行设计。

4.0.3 应根据生物滞留设施的地形和设计调蓄容积，确定生物滞留设施中的蓄水区、缓冲区和边缘区（图4-1、图4-2）。

【条文说明】蓄水区是生物滞留设施发挥雨水径流收集渗透、去除污染物等作用的主要区域，缓冲区的功能性作用次于蓄水区，边缘区则以景观效果展示为主。实践中，部分生物滞留设施无法明显区分蓄水区、缓冲区和边缘区，或不具备完整的三个区域，因此可根据实际情况进行调整。

4.0.4 应对生物滞留设施汇水区范围内的径流水质进行评估，确定水质情况及污染物类型；应对生物滞留设施的雨水冲刷情况进行评估，在冲刷较强的区域，宜种植丛生的灌木或草本植物。

4.0.5 应对生物滞留设施内土壤的类型进行判断；并结合设施周边污染情况，分析评估潜在的土壤污染物类型。

【条文说明】西咸新区海绵城市生物滞留设施的土壤类型有原生土和介质土。土壤类型的选择，以及介质土中原生土、沙土、草炭土、椰糠等介质的选用及配比关系，应基于对场地原生土的评估，并满足植物生长和生物滞留设施基本功能的需要。

4.0.6 应根据生物滞留设施内土壤的含水率和紧实度进行分区，以确定地被植物的种类选择与配植方式。

【条文说明】根据生物滞留设施土壤的含水率和紧实度，土壤分区通常包含三个类型，即："土壤水分适宜—土体偏紧区""土壤水分适宜—土体紧实区"和"土壤水分偏湿—土体偏紧区"。根据分区，可针对性地选用适宜的乡土植物。

4.0.7 宜对生物滞留设施所在场地的日照条件进行分析评估。

【条文说明】可采用"HYSUN7.1日照分析软件"将场地的日照条件划分为阳生（6h及其以上）、阴生（0～4h）及其他类型（4～6h）。

4.0.8 应明确位于地下车库顶板上的生物滞留设施在植物选择和配植上的特殊要求。

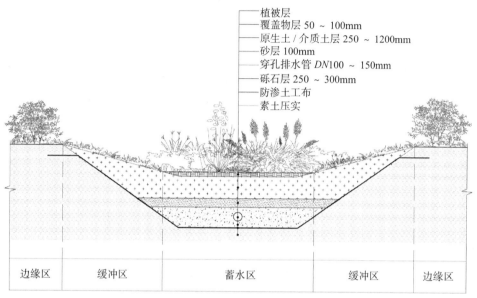

植被层
覆盖物层 50 ~ 100mm
原生土 / 介质土层 250 ~ 1200mm
砂层 100mm
穿孔排水管 *DN*100 ~ 150mm
砾石层 250 ~ 300mm
防渗土工布
素土压实

| 边缘区 | 缓冲区 | 蓄水区 | 缓冲区 | 边缘区 |

图 4-1　复杂型生物滞留设施分区示意图

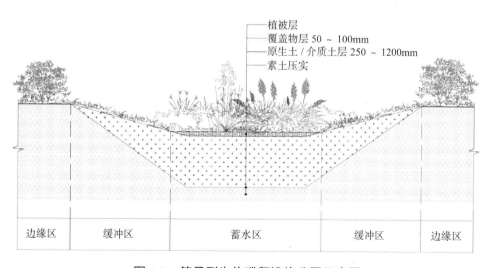

植被层
覆盖物层 50 ~ 100mm
原生土 / 介质土层 250 ~ 1200mm
素土压实

| 边缘区 | 缓冲区 | 蓄水区 | 缓冲区 | 边缘区 |

图 4-2　简易型生物滞留设施分区示意图

5 植物选择与种植设计 Plant Selection and Planting Design

5.1 植物选择 Plant Selection

5.1.1 选种原则

1. 所选择的地被植物应适应本地区气候条件，优先选择乡土植物。不应采用入侵植物或有侵略性根系的植物。

【条文说明】入侵植物和有侵略性根系的植物会过度占有生物滞留设施中的生长空间和土壤养分，对其他植物的生长造成不利影响。

2. 根据对生物滞留设施主要功能需求的评估，确定生物滞留设施地被植物的设计目标，明确功能主导型和景观主导型地被植物的选择比例。

3. 所选择的地被植物应具有一定的抗逆性，适应粗放管理和有机质含量低、保水性差的土壤介质条件；应具有一定的抗旱能力，也能耐周期性水淹；生物滞留设施蓄水区内选择的植物，一般情况下应耐48h水淹。

4. 宜选择总根系长度长且表面积大、须根比例高的地被植物，慎用球根类地被植物。

【条文说明】具有发达根系的植物净化污染物的效果最佳，理想的植物根系应能达到穿透生物滞留设施内绝大部分介质的深度，球根类植物由于根系不发达，抗污染及净化能力较弱。

5. 宜选择具有水质净化作用的植物，特别是具有去氮能力的植物。

6. 宜选择多年生草本植物，适当选择一、二年生草本植物。

7. 在满足生物滞留设施功能需求的基础上，宜选用具有较高观赏价值和能够提高生物多样性的植物。

5.1.2 景观主导型植物主要有观花、观叶、观枝干等观赏特征，应根据生物滞留设施的观赏需求和植物群落设计原理，有针对性地进行植物选择，并兼顾地被植物成景期的观花、观叶、观枝干等单体形态特征以及地被植物配植整体景观效果。具体内容及推荐植物见表5-1～表5-3。

5.1.3 功能主导型地被植物主要有营养物去除、重金属去除、病原菌去除、径流截留、促渗、低维护管理、提高生物多样性等功能性目标。应根据生物滞留设施的主要功能需求和植物群落设计原理，有针对性地进行植物选择。具体内容及推荐植物见表5-4。

生物滞留设施内景观主导型观花地被植物选择依据与推荐物种表　　　　　表 5-1

花期	黄花推荐植物	白花推荐植物	蓝紫花推荐植物	红粉花推荐植物
早春型 （4~5月）	佛甲草，垂盆草，酢浆草，美人蕉，棣棠花，冬青卫矛，木茼蒿	羽瓣石竹，海桐	鸢尾，红花酢浆草，冬青，红花檵木	再力花，麦冬，美丽月见草，羽瓣石竹，美人蕉，锦带花
春夏型 （5~6月）	黄菖蒲，苦苣菜，黑心金光菊，费菜，萱草，火炬花，垂盆草，双花委陵菜，酢浆草，美人蕉，棣棠花，木茼蒿	毛地黄钓钟柳，白花草木犀，羽瓣石竹	马蔺，毛地黄钓钟柳，红花酢浆草，冬青	再力花，麦冬，美丽月见草，山桃草，毛地黄钓钟柳，羽瓣石竹，美人蕉，丰花月季，锦带花
夏秋型 （6~8月）	菊蒿，天人菊，黑心金光菊，金鸡菊，银香菊，亚菊，萱草，火炬花，月见草，双花委陵菜，酢浆草，美人蕉，木茼蒿，藤本月季	蓍，玉簪，假龙头花，葱莲，防风，白花草木犀，羽瓣石竹，藤本月季	千屈菜，松果菊，蓍，八宝景天，阔叶山麦冬，天蓝鼠尾草，假龙头花，红花酢浆草，藤本月季	再力花，麦冬，吉祥草，美丽月见草，月见草，山桃草，羽瓣石竹，美人蕉，丰花月季，粉花绣线菊，藤本月季
秋季型 （9~10月）	天人菊，黑心金光菊，金鸡菊，亚菊，月见草，火炬花，美人蕉，木茼蒿，藤本月季	蓍，玉簪，假龙头花，葱莲，防风，羽瓣石竹，藤本月季	千屈菜，荷兰菊，蓍，八宝景天，阔叶山麦冬，假龙头花，糙苏，红花酢浆草，藤本月季	再力花，吉祥草，美丽月见草，月见草，羽瓣石竹，美人蕉，丰花月季，藤本月季

生物滞留设施内景观主导型观叶地被植物选择依据与推荐物种表　　　　　表 5-2

叶色	推荐植物
浅绿	铺地柏，细叶针茅，变叶芦竹，萱草，酢浆草，涝峪薹草，小蓬草，佛甲草，三七景天，红花酢浆草，绵毛水苏
深绿	玉簪，马蔺，阔叶山麦冬，香蒲，矮麦冬，灯心草，木贼，美人蕉
色叶	毛地黄钓钟柳，银香菊，红花檵木，地锦，斑叶扶芳藤

生物滞留设施内景观主导型观枝干地被植物选择依据与推荐物种表　　　　　表 5-3

特征	推荐植物
形态优美	玉带草，毛地黄钓钟柳，假龙头花，黄菖蒲，马蔺，细叶芒，蒲苇，芦苇

生物滞留设施内功能主导型地被植物选择依据与推荐物种表　　　表 5-4

功能性目标	选择依据	推荐植物
营养物去除	1. 宜选择根系发达、须根细长的植物；不宜选择根系欠发达植物； 2. 宜选择生长速度快，具有持水能力，耐干旱的植物； 3. 不宜选择固氮植物，避免产生氮淋洗现象	黄菖蒲，马蔺，鸢尾，灯心草，千屈菜，香蒲，细叶芒，狼尾草，芒，芦苇，荻，美人蕉，水葱，变叶芦竹，再力花，黑麦草，八宝景天，荷兰菊，一年蓬，天人菊，蒲苇，萱草，麦冬，红花檵木，木槿，红叶石楠，小叶女贞
重金属去除	1. 宜选择根系发达的，能有效去除重金属的植物	
病原菌去除	1. 宜选择根系发达的植物； 2. 宜选择与低渗透率相关的植物	
径流截留	1. 宜选择具有较强蒸腾作用并能在干旱期持水的植物； 2. 宜选择能组成复层结构增加蒸腾作用的植物	
促渗	1. 宜选择具有一定比例粗大根的植物，不宜过多应用浅根系或根系欠发达的植物； 2. 选择可采取较高种植密度的植物	
低维护管理	1. 不宜过多选择一、二年生或生命周期短的植物，避免使用在衰老时产生大量植物残体的植物； 2. 在设施内或附近使用落叶乔木会增加维护管理的难度	黄菖蒲，涝峪薹草，千屈菜，荷兰菊，松果菊，八宝景天，矮麦冬，木贼，南天竹，红叶石楠，小蜡，小叶女贞，铺地柏，石榴，黄杨，木槿，木春菊，冬青，海桐
生物多样性	1. 宜选择乡土植物，能与附近自然原生植被兼容； 2. 宜多选择开花植物和能被当地鸟类和昆虫取食的植物； 3. 不宜选择入侵性植物以及传播能力太强的植物	

5.1.4　不同环境条件下植物选择

1. 简易型生物滞留设施应选择具有发达的根系特征和具有一定比例粗大根系、具有较强的促渗功能的地被植物；复杂型生物滞留设施应选择具有较强抗逆性，适宜在有机质含量低、保水性差的土壤中生长的地被植物。

【条文说明】简易型生物滞留设施与复杂型生物滞留设施的内部结构和土壤环境往往不同，对植物生长具有较大影响；简易型生物滞留设施内的土壤一般为原生土，原生土较易板结；复杂型生物滞留设施内的土壤一般为介质土，介质土有机质含量低、保水性差。

2. 生物滞留设施边缘区选择的植物应耐旱；缓冲区选择的植物应耐淹、耐旱和耐冲刷；蓄水区选择的植物应耐淹、耐污染、净化能力强，同时也具有一定的耐旱能力；生物滞留设施的水流入口处应选用耐淹、耐冲刷、生长速度快、根系发达的草本地被植物，并防止其他植物堵塞水流入口。

【条文说明】生物滞留设施蓄水区、缓冲区和边缘区的植物选择要充分考虑植物的耐淹、耐旱、耐冲刷等特性，根据功能及景观要求，宜灵活采用灌＋草或单一草本的群落结构模式。

3. 生物滞留设施地被植物的选择（表 5-5），应参考设施内的土壤分区类型（详见 4.0.6）。

生物滞留设施内不同土壤分区地被植物推荐物种表　　　　　表 5-5

土壤分区	推荐植物
土壤水分适宜—土体偏紧区	绝大多数地被植物
土壤水分适宜—土体紧实区	沿阶草、草木樨、紫花苜蓿、白三叶、蛇鞭菊、苔草、聚合草、须芒草、狼尾草、细叶芒等
土壤水分偏湿—土体偏紧区	千屈菜、沿阶草、玉簪、黄菖蒲、鸢尾、山菅兰、葱莲、酢浆草、细叶芒、萱草、菁等

4. 应根据生物滞留设施所在场地的日照时长和日照强度，选择适宜不同光照条件的地被植物。

【条文说明】日照条件为阳生（6h 及其以上）的生物滞留设施适宜选用阳生植物，日照条件为阴生（0～4h）的生物滞留设施适宜选用阴生植物，日照条件为中间型（4～6h）的生物滞留设施适宜选用其他植物。

5. 本导则的植物推荐表（附录 1）中的植物名录可作为设计参考，应根据项目的场地条件，因地制宜地选择植物并进行合理配植。

5.2　种植设计要点　Planting Design

5.2.1　植物配植

1. 生物滞留设施地被植物的整体种植设计风格应与周边城市风貌和周边环境协调。

2. 生物滞留设施地被植物的平面布局应平衡统一性和多样性，并考虑植物在成景期的观赏效果，以实现兼顾协调有序和丰富多样、主体突出且层次分明的植物群落景观。

3. 生物滞留设施内应种植具有不同景观观赏特性和功能性目标的植物，以提高植物群落的功能多样性和稳定性。在蓄水区种植的植物应不少于 4 种，并且 50% 以上是功能主导型植物。

4. 功能主导型地被植物配植按功能目标不同，分为径流污染控制型和雨水径流收集渗透型。径流污染控制型地被植物配植中，应选择具有营养物去除、重金属去除、病原菌去除、促渗等不同功能性目标的地被植物，应重点配植在生物滞留设施的蓄水区内；雨水径流收集渗透型地被植物配植中，应选择具有促渗功能的、耐冲刷性强的地被植物，宜采用灌木＋草本的组合，应重点配植在生物滞留设施的缓冲区和蓄水区内（图 5-1）。

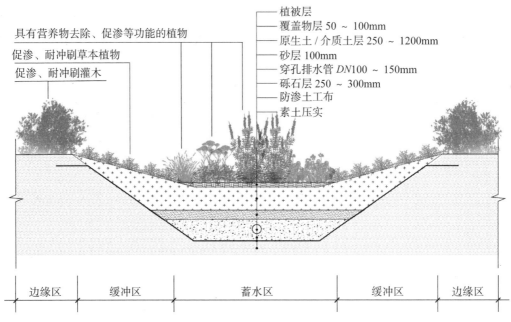

图 5-1　径流污染控制型地被植物配置模式图

5. 景观主导型地被植物配植有结构层＋季节主题层＋地面覆盖层、结构层＋地面覆盖层、季节主题层＋地面覆盖层三类分层组合模式（详见第 2 部分 10.2）。结构层植物应是枝干形态优美、植株结构稳定的草本植物或小灌木。季节主题层植物应具有主题突出、类型多样的季相效果和均匀满铺的覆盖效果。地面覆盖层植物应具有较快的生长速度和较强的耐冲刷能力，宜选用常绿植物。

【条文说明】结构层：植物群落的主干结构，由较高的地被植物组成，其在一年中的大部分时间里是植物群落的视觉焦点，枝干优美、观赏性强。季节主题层：该层植物具有开花、叶色变化等鲜明的季相特征，在一年中的某一段时间里成为植物群落的视觉焦点，其他时期也有良好的景观效果。地面覆盖层：是植物群落的最底层，地面覆盖层植物常具有地下茎和匍匐茎，能快速覆盖地面，可以抑制杂草并防止水土流失。

6. 生物滞留设施受到建筑或乔木遮阴时，植物配置应考虑设施内的阴影范围和遮阴时间，按照设施内的日照条件类型分区（详见 4.0.7）合理配置阴生植物、阳生植物和其他植物（图 5-2）。

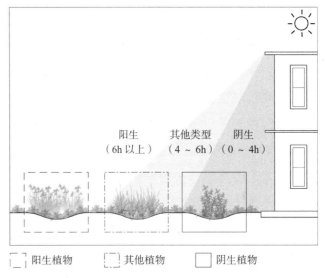

图 5-2　不同日照类型植物种植示意图

7. 生物滞留设施入水口附近等冲刷强度较大的区域，宜采用交错布局的"品"字形种植方式种植地被植物，最外层植物宜垂直于水流方向配置（图 5-3）。

【条文说明】生物滞留设施内冲刷强度较大的区域，可采用碎石带、拦污槽等消能设施进一步降低径流的冲刷强度。

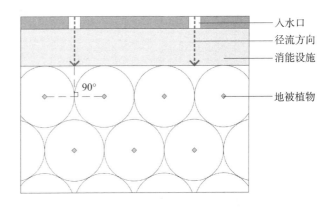

图 5-3　入水口区域地被植物种植示意图

8. 位于地下车库顶板上、内部有土工布或穿孔管等结构或下方预埋有排水管的生物滞留设施，应避免选用深根性和直根性的植物。邻近道路和停车场的生物滞留设施宜选择生长速度较慢的地被植物。

9. 所在场地的周边在冬季需施用融雪剂的生物滞留设施，设施内宜选用耐盐碱的地被植物。

10. 邻近交通指示牌、照明设施和通风口等市政设施的生物滞留设施，设施内选用的植物在高度上应有相应限制，以避免对市政设施产生不利影响。

11. 生物滞留设施内可布置具有公共教育意义的科普性标识牌，也可适当布置公共艺术设施。

5.2.2　种植密度

1. 种植密度应根据植物生长特性确定。常见草本地被植物的种植密度宜控制在 $6 \sim 10$ 株 /m^2；禾本科、灯心草科、莎草科和百合科等物种的种植密度宜控制在 $12 \sim 16$ 株 /m^2；灌木的种植密度宜控制在 0.5 株 /m^2。种植密度可参照当地园林绿化植物种植技术规范，并根据景观需求进行灵活调整（图 5-4）。

图中方格尺寸均为 1m × 1m

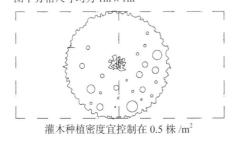

灌木种植密度宜控制在 0.5 株 /m^2

常见地被植物的种植密度宜控制在 $6 \sim 10$ 株 /m^2

禾本科、灯心草科、莎草科和百合科等植物种植密度宜控制在 $12 \sim 16$ 株 /m^2

图 5-4　生物滞留设施地被植物种植密度示意图

2. 应保证种植一年后生物滞留设施内无土壤裸露。

3. 生物滞留设施的蓄水区在种植地被植物时应采取较高的种植密度。

【条文说明】高密度种植能增加植物根系与土壤、微生物群落和雨水的接触，同时，密集的植物还可以维持土壤的渗透性能，防止水土流失，抑制杂草入侵。

5.2.3 覆盖物

1. 应根据生物滞留设施及其所在场地的土壤、水文、设施构造等实际情况，合理选择覆盖物材料并确定覆盖厚度。

2. 有机覆盖物宜选用易降解的碎硬木、树叶堆肥等，覆盖厚度应限制在 50 ～ 75 mm 内。避免选用难降解的、含杂草种子的覆盖物，以避免对地被植物产生不良影响。

3. 无机覆盖物宜选用粒径为 10 ～ 20mm 的多孔碎石，如砂砾、卵石、煅烧陶粒、火山石等，覆盖厚度应限制在 50 ～ 100mm。

4. 有溢流出水装置的生物滞留设施，宜选用松散的轻型黄麻毡等有机纤维毡进行覆盖。

5. 受太阳热辐射较强的生物滞留设施，如 10 至 14 时受连续日照或存在其他情况的生物滞留设施，应避免使用碎石等晒后易升温的覆盖物。

6. 地被植物茎部周边 50 mm 范围内不应铺设覆盖物（图 5-5）。

7. 在养护管理中需定期更换表层土壤的生物滞留设施，不宜使用覆盖物。

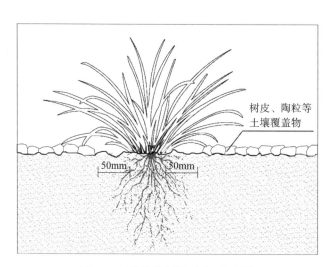

图 5-5　覆盖物铺设方法示意图

6　植物栽植施工 Planting and Construction

6.1　栽植时间 Planting Time

6.1.1　设施周边有其他建设活动时，植物种植应适当推迟至大多数建设工作完成时进行。

6.1.2　因土壤质地、酸碱度和含盐量问题，需采取相应的施肥、石灰酸碱改性和改换土壤等措施时，植物种植应在土壤改良工作完成时进行。

6.1.3　常绿植物的种植应在春天土壤解冻以后、树木发芽以前，或秋季新梢停止生长后霜降以前进行，落叶植物的种植最好在秋冬之际植株停止生长后，或春季新芽未萌动前。

6.2　栽植要点 Planting Key Point

6.2.1　应根据《园林绿化工程施工及验收规范》CJJ 82—2012 对植物种苗外观质量进行检验。

6.2.2　幼苗平均高度应为 300 ～ 500mm，以保证幼苗不被覆盖物掩埋，并在生物滞留设施的淹没水深中存活。

6.2.3　在同一生物滞留设施中，同种植物幼苗的植株规格宜尽量相同。

6.2.4　运输过程中和栽植前应避免植株根部附带的土球长时间接受光照。

6.2.5　在栽植前应对种植床灌水，在种植床土壤沉降稳定后，用石灰、绳子等材料在种植床上按设计方案画出种植平面轮廓。

6.2.6　应避免压实植物根茎附近的土壤，造成土壤板结。

6.2.7　栽植时应避开强风日，宜在阴天或者降雨前进行。

7 养护管理 Maintenance Management

7.0.1 应定期开展浇水、除草、病害防治、修剪等养护工作，植物栽植后的 1～2 年内，宜每两星期进行一次养护；1～2 年后，养护频率可根据实际情况适当减少，最低不应少于 1 年 2 次。

7.0.2 地被植物栽植后的 1～2 年内，可根据植物生长情况适量施肥。

7.0.3 应定期监测生物滞留设施地被植物的生长状况，植物栽植后 3 个月内，宜每两周监测一次；3 个月后，监测频率可根据实际情况适当减少。

7.0.4 栽植后三个月根据实际情况适当增加除草频率，宜采用人工清除的方式，不宜用除草剂。

7.0.5 栽后 3 个月内应及时更换枯死植物；后期可缩减至每年更换一次。

7.0.6 植物修剪应以不损坏地被植物自然姿态为前提，以保持地上地下平衡为原则，根据当地园林绿化设计规范、养护质量标准和植物的生长特征确定修剪强度，修剪频率根据植物生长特性和景观需求等因素确定。

7.0.7 植物收割强度和频率应根据生长季节、景观需求、植物生长速度、生物滞留设施功能需要等因素确定。

【条文说明】植物修剪根据实际需要，一年四季均可进行；植物收割宜在冬季或第二年初春进行，收割一般适用于禾本科植物，通过收割，能去除植物体内吸收的土壤污染物并促进植物新枝嫩叶的生长。

7.0.8 观花地被植物要适当控制浇水量，以延长花期。

7.0.9 应根据土壤侵蚀情况来确定是否需重新添加覆盖物。

7.0.10 重金属污染较为严重的生物滞留设施，应每年更换 1 次覆盖物。

7.0.11 生物滞留设施内入水口和溢流口附近应根据实际情况定期翻动覆盖物，防止沉积物淤积堵塞，频率不应少于 1 年 2 次。当发生堵塞时，应及时将覆盖物表层 20～50 mm 的沉积物耙松或清除。

【条文说明】降雨后，沉积物在设施表面停留时间过长（一般为超过 12 h），特别是当沉积物（包括黏土颗粒等）淤积深度超过 15mm 时，生物滞留设施很可能发生堵塞。

7.0.12 生物滞留设施的管理与养护，应明确专项维护费用和责任人。

7.0.13 以上养护管理项目的详细内容和频率详见附录 3。

本导则用词说明 Desciption of Terms Used in This Guideline

为便于在执行本导则条文时区别对待，对要求严格程度不同的用词说明如下：

1. 表示很严格，非这样做不可的：正面词采用"必须"，反面词采用"严禁"。

2. 表示严格，在正常情况下均应这样做的：正面词采用"应"，反面词采用"不应"或"不得"。

3. 表示允许稍有选择，在条件许可时首先应这样做的：正面词采用"宜"，反面词采用"不宜"。

4. 表示有选择，在一定条件下可以这样做的，采用"可"。条文中指明应按其他有关标准执行时的写法为："应符合……规定"或"应按……执行"。

附录 1　西咸新区生物滞留设施地被植物推荐表

Table of Recommended Ground-Cover Plant for Bioretention Facilities in Xixian New Area

01 草本植物

序号	科名	属名	植物名称	拉丁学名	乡土植物	一、二年生/多年生	常绿/落叶	高度(cm)	花期(月)	花色	耐水淹	耐干旱	耐盐碱	耐寒	根系特征	净化功能/抗性
1	木贼科	木贼属	木贼	*Equisetum hyemale*	是	多年生	常绿	50-100	5-6	黄	●	●	—	●	—	—
2	石竹科	石竹属	羽瓣石竹	*Dianthus plumarius*	否	多年生	常绿	30-50	4-11	粉/白	○	●	○	●	—	对二氧化硫、氯气抗性强
3	景天科	景天属	八宝景天	*Sedum spectabile*	否	多年生	落叶	30-50	7-10	紫红	○	●	●	●	○	氮/磷/重金属
4		景天属	佛甲草	*Sedum lineare*	是	多年生	常绿	10-20	4-5	黄	●	●	●	●	○	—
5		景天属	费菜	*Sedum aizoon*	是	多年生	落叶	20-50	6-7	黄		●	●	●	○	—
6		景天属	垂盆草	*Sedum sarmentosum*	是	多年生	常绿	10-25	5-7	黄	●	●	●	●	○	—
7	蔷薇科	委陵菜属	双花委陵菜	*Potentilla biflora*	否	多年生	常绿	10-30	6-8	黄		●	—	●	—	—
8	豆科	草木犀属	白花草木犀	*Melilotus Albus*	是	多年生	落叶	70-200	5-7	白	●		●	●	●	—
9	千屈菜科	千屈菜属	千屈菜	*Lythrum salicaria*	是	多年生	落叶	30-100	7-9	紫	●		●	●	●	营养物/重金属
10		山桃草属	山桃草	*Gaura lindheimeri*	否	多年生	落叶	60-100	5-8	粉/红	○	◎	—	●	○	—
11	柳叶菜科	月见草属	月见草	*Oenothera biennis*	否	二年生	落叶	50-100	6-9	黄/粉	○	●	●	●	●	—
12	柳叶菜科	月见草属	美丽月见草	*Oenothera speciosa*	否	一年生	常绿	30-55	4-11	粉	○	●	○	●	—	—

续表

01 草本植物

序号	基本信息							景观特性			功能特性					净化功能/抗性
	科名	属名	植物名称	拉丁学名	乡土植物	一、二年生/多年生	常绿/落叶	高度(cm)	花期(月)	花色	耐水淹	耐干旱	耐盐碱	耐寒	根系特征	
13	酢浆草科	酢浆草属	酢浆草	Oxalis corniculata	是	多年生	落叶	10-35	2-9	黄	●	●	—	○	○	—
14			红花酢浆草	Oxalis corymbosa	否	多年生	常绿	10-30	3-12	紫红	●	◎	●	○	●	—
15	伞形科	防风属	防风	Saposhnikovia divaricata	是	多年生	落叶	30-80	8-9	白	○	●	○	●	○	—
16		假龙头花属	假龙头花	Physostegia virginiana	否	多年生	落叶	60-120	7-9	白/紫	○	●	●	●	●	—
17		糙苏属	糙苏	Phlomis umbrosa	是	多年生	落叶	50-150	6-9	紫红	—	—	○	●	—	—
18	唇形科	鼠尾草属	天蓝鼠尾草	Salvia uliginosa	否	多年生	常绿	30-80	8	蓝紫	○	●	○	●	●	—
19			蓝花鼠尾草	Salvia farinacea	否	多年生	落叶	30-60	6-8	蓝紫	○	○	○	●	—	—
20		水苏属	绵毛水苏	Stachys lanata	否	多年生	常绿	30-60	6	紫红	○	●	—	●	○	—
21	玄参科	钓钟柳属	毛地黄钓钟柳	Penstemon digitalis	否	多年生	落叶	60	5-6	白/粉/蓝	●	○	○	○	○	—
22		蓍属	蓍	Achillea millefolium	否	多年生	落叶	35-100	7-9	白/红	○	●	●	●	—	—
23		亚菊属	亚菊	Ajania pallasiana	否	多年生	落叶	30-60	8-9	黄	○	●	●	●	—	—
24	菊科	紫菀属	荷兰菊	Aster novi-belgii	否	多年生	落叶	60-100	10	紫	○	●	●	●	○	氮/磷
25		金鸡菊属	金鸡菊	Coreopsis drummondii	否	一年生	落叶	30-60	6-9	黄	○	●	●	●	—	对二氧化硫抗性强

续表

01 草本植物

序号	基本信息						景观特性				功能特性					
	科名	属名	植物名称	拉丁学名	乡土植物	一、二年生/多年生	常绿/落叶	高度(cm)	花期(月)	花色	耐水淹	耐干旱	耐盐碱	耐寒	根系特征	净化功能/抗性
26	菊科	白酒草属	小蓬草	Conyza canadensis	是	一年生	落叶	50-100	5-10	黄/白	—	●	—	○	●	重金属
27		松果菊属	松果菊	Echinacea purpurea	否	多年生	落叶	50-150	6-7	紫红	○	●	●	●	○	—
28		飞蓬属	一年蓬	Erigeron annuus	是	一、二年生	落叶	30-100	5-12	白	—	●	—	○	●	重金属
29		天人菊属	天人菊	Gaillardia pulchella	否	一年生	落叶	20-60	6-9	橘黄	○	●	●	○	○	重金属
30		金光菊属	黑心金光菊	Rudbeckia hirta	否	一年生	落叶	30-100	5-9	黄	●	●	●	●	○	—
31		苦苣菜属	苦苣菜	Sonchus oleraceus	是	一、二年生	落叶	30-150	5-8	黄	○	●	○	●	—	—
32		神圣亚麻属	银香菊	Santolina chamaecyparissus	否	多年生	常绿	50-80	6-7	黄	○	●	—	○	—	—
33		菊蒿属	菊蒿	Tanacetum vulgare	否	多年生	落叶	30-150	6-8	黄	—	●	—	●	○	—
34	灯心草科	灯心草属	灯心草	Juncus effusus	是	多年生	常绿	27-91	6-7	黄	●	◎	●	●	●	氮/磷/重金属
35	莎草科	藨草属	水葱	Scirpus validus	是	多年生	落叶	50-100	6-9	白	●	◎	●	●	●	氮/磷
36		薹草属	涝峪薹草	Carex giraldiana	是	多年生	落叶	20-40	3-5	绿	●	◎	—	●	○	—
37	禾本科	芦竹属	变叶芦竹	Arundo donax var. versicolor	否	多年生	落叶	150-200	9-12	淡黄	●	○	●	●	●	重金属
38		蒲苇属	蒲苇	Cortaderia selloana	否	多年生	落叶	100-200	9-10	白	●	◎	●	●	●	氮/磷

续表

01 草本植物

序号	基本信息						景观特性				功能特性					
	科名	属名	植物名称	拉丁学名	乡土植物	一、二年生/多年生	常绿/落叶	高度(cm)	花期(月)	花色	耐水涝	耐干旱	耐盐碱	耐寒	根系特征	净化功能/抗性
39	禾本科	黑麦草属	黑麦草	*Lolium perenne*	否	多年生	落叶	30-90	5-7	白	○	○	●	○	○	氮/磷/COD
40		芒属	细叶芒	*Miscanthus sinensis 'Gracillimus'*	否	多年生	落叶	20-70	9-10	粉	●	●	○	○	●	氮/磷
41		芒属	芒	*Miscanthus sinensis*	是	多年生	落叶	100-200	7-12	淡绿	●	●	○	○	●	氮/磷
42		狼尾草属	小兔子狼尾草	*Pennisetum alopecuroides 'Little Bunny'*	否	多年生	落叶	15-30	6-9	黄褐	●	●	○	●	●	—
43		狼尾草属	狼尾草	*Pennisetum alopecuroides*	否	多年生	落叶	30-120	7-10	淡黄	●	●	○	●	●	氮/磷/COD
44		芦苇属	芦苇	*Phragmites australis*	是	多年生	落叶	100-300	8-12	黄	●	◎	●	●	●	悬浮物/重金属
45		早熟禾属	早熟禾	*Poa annua*	是	一年生	落叶	10-30	4-5	绿	○	●	○	○	—	—
46		甘蔗属	斑茅	*Saccharum arundinaceum*	否	多年生	落叶	200-300	8-12	黄绿	—	●	—	●	●	—
47		针茅属	细叶针茅	*Stipa lessingiana*	否	多年生	落叶	30-60	5-7	黄	○	○	○	●	○	—
48		荻属	荻	*Triarrhena sacchariflora*	是	多年生	落叶	100-150	8-10	白	●	●	●	●	●	COD/氮/磷
49	香蒲科	香蒲属	香蒲	*Typha orientalis*	是	多年生	落叶	130-200	5-8	褐	●	◎	●	●	●	重金属/COD
50	美人蕉科	美人蕉属	美人蕉	*Canna indica*	否	多年生	落叶	70-150	3-12	红/黄	●	◎	●	○	○	营养物/重金属

续表

01 草本植物

序号	基本信息						景观特性				功能特性					
	科名	属名	植物名称	拉丁学名	乡土植物	一、二年生/多年生	常绿/落叶	高度(cm)	花期(月)	花色	耐水淹	耐干旱	耐盐碱	耐寒	根系特征	净化功能/抗性
51	竹芋科	再力花属	再力花	*Thalia dealbata*	否	多年生	落叶	100-150	4-10	白粉	●	○	●	○	○	氮
52	百合科	萱草属	萱草	*Hemerocallis fulva*	是	多年生	落叶	30-60	5-7	橘黄	○	●	●	●	○	氮
53		玉簪属	玉簪	*Hosta plantaginea*	是	多年生	落叶	40-80	7-9	白	—	◎	●	●	○	—
54		火把莲属	火炬花	*Kniphofia uvaria*	否	多年生	落叶	40-60	6-10	橘红	○	●	○	●	○	—
55		山麦冬属	阔叶山麦冬	*Liriope platyphylla*	否	多年生	常绿	20-65	6-9	蓝紫	○	●	○	●	●	—
56		沿阶草属	矮麦冬	*Ophiopogon japonicus* 'nana'	否	多年生	常绿	5-10	6-7	紫	○	●	●	●	○	—
57			麦冬	*Ophiopogon japonicus*	是	多年生	常绿	20-30	5-8	粉	○	●	●	●	●	氮
58		吉祥草属	吉祥草	*Reineckia carnea*	是	多年生	常绿	20-50	8-9	红	●	○	●	●	●	—
59	石蒜科	葱莲属	葱莲	*Zephyranthes candida*	否	多年生	常绿	20-30	7-9	白	●	○	—	●	○	—
60	鸢尾科	鸢尾属	黄菖蒲	*Iris pseudacorus*	否	多年生	落叶	60-100	5-6	黄	●	◎	●	●	●	重金属
61			马蔺	*Iris lacteal*	是	多年生	落叶	50-70	5-6	浅蓝	●	●	●	●	●	氮/磷
62			鸢尾	*Iris tectorum*	是	多年生	落叶	30-50	4-5	紫	●	●	●	●	●	氮/磷

续表

02 灌木类

序号	基本信息						景观特性				功能特性				净化功能/抗性
	科名	属名	植物名称	拉丁学名	乡土植物	常绿/落叶	高度(cm)	花期(月)	花色	耐水淹	耐干旱	耐盐碱	耐寒	根系特征	
1	柏科	圆柏属	铺地柏	*Sabina procumbens*	否	常绿	30-75	—	—	○	●	●	●	○	—
2	柏科	圆柏属	叉子圆柏	*Sabina vulgaris*	否	常绿	50-100	—	—	○	●	○	●	●	—
3	小檗科	十大功劳属	十大功劳	*Mahonia fortunei*	否	常绿	50-100	7-9	—	○	●	○	○	●	对二氧化硫抗性强
4	小檗科	南天竹属	南天竹	*Nandina domestica*	否	常绿	50-60	3-6	白	○	●	●	○	○	—
5	金缕梅科	檵木属	红花檵木	*Loropetalum chinense var. rubrum*	否	常绿	50-100	4-5	紫红	○	○	○	○	●	磷
6	锦葵科	木槿属	木槿	*Hibiscus syriacus*	是	落叶	100-200	7-12	粉色	●	●	●	●	○	氮/磷/COD
7	海桐花科	海桐花属	海桐	*Pittosporum tobira*	否	常绿	60-100	3-5	白	○	●	●	●	○	对二氧化硫抗性强
8	海桐花科	棣棠花属	棣棠花	*Kerria japonica*	是	落叶	60-100	4-6	黄	●	◎	●	●	○	—
9	蔷薇科	石楠属	红叶石楠	*Photinia × fraseri*	否	常绿	70-100	5-7	白	○	●	●	●	●	氮/磷/COD
10	蔷薇科	蔷薇属	丰花月季	*Rosa hybrida*	是	落叶	90-120	5-11	红	○	●	●	●	—	—
11	蔷薇科	绣线菊属	粉花绣线菊	*Spiraea japonica*	否	落叶	60-150	6-7	粉	○	◎	●	●	●	—
12	山茱萸科	青荚叶属	青荚叶	*Helwingia japonica*	是	落叶	100-150	4-5	淡绿	○	○	○	○	—	—

02 灌木类

序号	基本信息						景观特性			功能特性					
	科名	属名	植物名称	拉丁学名	乡土植物	常绿/落叶	高度(cm)	花期(月)	花色	耐水淹	耐干旱	耐盐碱	耐寒	根系特征	净化功能/抗性
13	冬青科	冬青属	冬青	Ilex chinensis	否	常绿	100-150	4-6	淡紫	○	◎	●	●	●	对二氧化硫抗性强
14		冬青属	龟甲冬青	Ilex crenata var. convexa	否	常绿	100-150	5-6	白	○	◎	○	○	—	—
15	木犀科		小蜡	Ligustrum sinense	是	常绿	100-200	3-6	白	○	●	○	○	●	—
16		女贞属	小叶女贞	Ligustrum quihoui	是	落叶	70-100	5-7	白	●	◎	●	●	●	氮/磷/COD
17			金叶女贞	Ligustrum × vicaryi	否	落叶	70-100	5-6	白	○	●	●	●	●	—
18			金森女贞	Ligustrum japonicum var. Howardii	否	常绿	70-100	5-7	白	○	●	●	●	●	—
19	忍冬科	锦带花属	锦带花	Weigela florida	是	落叶	60-100	4-6	红	○	◎	●	●	○	—
20	菊科	木茼蒿属	木茼蒿	Argyranthemum frutescens	否	常绿	60-100	2-10	黄	○	○	●	○	○	—

续表

03 藤本类

序号	基本信息			景观特性					功能特性					
	科名	属名	植物名称	拉丁学名	乡土植物	常绿/落叶	高度(cm)	花期(月)	花色	耐水淹	耐干旱	耐盐碱	耐寒	根系特征	净化功能/抗性
1	蔷薇科	蔷薇属	藤本月季	*Rosa chinensis*	是	常绿	100-150	7-10	花色丰富	○	●	●	○	●	—
2	卫矛科	卫矛属	斑叶扶芳藤	*Euonymus fortunei* var. *radicans*	否	常绿	10-20	6~7	白绿色	○	◎	●	○	●	—
3			金边黄杨	*Euonymus japonicus* var. *aurea-marginatus*	否	常绿	100-150	5-6	绿/白	●	●	●	●	●	对二氧化硫抗性强
4			冬青卫矛	*Euonymus japonicus*	否	常绿	100-150	3	黄	○	●	●	○	○	—
5			扶芳藤	*Euonymus fortunei*	是	常绿	60-100	6	白绿	○	◎	●	○	●	对二氧化硫抗性强
6	葡萄科	地锦属	地锦	*Parthenocissus tricuspidata*	是	落叶	50-60	5-8	黄	○	●	○	●	●	—

(1) 耐水淹：指植物生活在周期波动水淹环境的能力，●表示"耐受一定时间短期水淹"；○表示"不能耐受水淹环境"。

(2) 耐干旱：指植物生活在水分缺失环境的能力，●表示"耐旱能力强"；◎表示"耐旱能力一般"；○表示"耐旱能力差"。

(3) 耐盐碱：指植物生活在盐碱环境的能力，●表示"耐盐碱能力强"；○表示"耐盐碱能力差"。

(4) 耐寒：指植物生活适应低温环境的能力，●表示"耐寒能力强"；○表示"耐寒能力差"。

(5) 根系特征：指植物根系发达能力，●表示"根系发达，深根"；○表示"根系不发达，浅根"。

(6) "—"表示该特性尚未明确。

(7) 乡土植物依据《西安植物志》和《中国景观植物应用大全》确定。

(8) 植物以科为单位，按照蕨类植物（1991 年秦仁昌分类系统）、裸子植物（1978 年郑万钧分类系统）、被子植物（1981 年克朗奎斯特分类系统）的顺序排列。

附录2　西咸新区生物滞留设施地被植物配置模式推荐表

Table of Recommended Plant Configuration Mode for Bioretention Facilities in Xixian New Area

功能类型	应用场景及类型特征	设施主要功能需求	应用区域	目标功能	编号	推荐植物搭配组合（括号内为植物盖度）		
						组合一	组合二	组合三
功能主导型地被植物配植模式	场地污染严重（城市道路入水口，停车场）	经流污染物控制	蓄水区	去除污染物为主	01	灯心草（60%）+狼尾草（30%）+黄菖蒲（20%）+鸢尾（20%）	变叶芦竹（50%）+涝峪薹草（30%）+美人蕉（10%）+千屈菜（20%）+芒（10%）	狼尾草（50%）+变叶芦竹（20%）+涝峪薹草（20%）+鸢尾（20%）
			缓冲区	去除污染物+景观效益	02	假龙头花（50%）+马蔺（30%）+黄菖蒲（20%）	千屈菜（40%）+银香菊（30%）+松果菊（20%）+蓝花鼠尾草（20%）+涝峪薹草（10%）	狼尾草（50%）+铺地柏（30%）+黄菖蒲（20%）
			边缘区	景观效益为主	03	狗牙根（50%）+矮麦冬（30%）+南天竹（20%）	矮麦冬（50%）+铺地柏（50%）	狗牙根（50%）+矮冬（30%）+红叶石楠（20%）
	场地雨水径流量大或可能积水区域	雨水径流收集渗透	蓄水区	雨水截留促渗为主	04	小叶女贞（40%）+蒲苇（30%）+千屈菜（10%）+涝峪薹草（20%）	红叶石楠（50%）+阔叶山麦冬（20%）+蓝花鼠尾草（30%）+荷兰菊（20%）	小叶女贞（50%）+狼尾草（30%）+阔叶山麦冬（20%）+涝峪薹草（20%）
			缓冲区	雨水截留促渗+景观效益	05	细叶芒（40%）+黄菖蒲（20%）+蒲苇（20%）+毛地黄钓钟柳（20%）	细叶芒（40%）+千屈菜（30%）+马蔺（20%）+薹（20%）	千屈菜（40%）+松果菊（20%）+荷兰菊（20%）+蓝花鼠尾草（20%）+涝峪薹草（20%）
			边缘区	景观效益为主	06	早熟禾（50%）+小叶女贞（30%）+红叶石楠（20%）	狗牙根（50%）+金鸡菊（20%）+马蔺（20%）+粉花绣线菊（10%）	黑麦草（50%）+海桐（30%）+红叶石楠（20%）
景观主导型地被植物配植	市政/建筑等关键节点地段	提高景观观赏性为主	蓄水区	兼顾功能与景观	07	马蔺（50%）+蒲苇（20%）+鸢尾（20%）+千屈菜（10%）	斑茅（50%）+香蒲（20%）+细叶芒（20%）	芒（40%）+美人蕉（30%）+黄菖蒲（20%）+变叶芦竹（20%）
			缓冲区	景观效益为主	08	细叶针茅（50%）+葱莲（50%）+南天竹（20%）	毛地黄钓钟柳（40%）+马蔺（30%）+菖蒲（20%）+变叶芦竹（20%）	天蓝鼠尾草（40%）+马蔺（20%）+天人菊（20%）+松果菊（20%）+蓝花鼠尾草（20%）
			边缘区	蓄水区兼顾功能与景观，缓冲区和边缘区以景观效益为主	09	铺地柏（40%）+细叶针茅（20%）+羽瓣石竹（20%）+金边黄杨（20%）+叉子圆柏（10%）+冬青（10%）	松果菊（40%）+八宝景天（20%）+玉簪（20%）+阔叶山麦冬（10%）+粉花绣线菊（10%）+红叶石楠（10%）	山桃草（40%）+薹草（20%）+小叶女贞（20%）+红叶石楠（20%）+铺地柏（10%）+冬青（10%）

续表

功能类型	编号	推荐植物搭配模式示意图		
		组合一	组合二	组合三
功能主导型地被植物配植模式	01			
	02			
	03			
	04			

功能类型	编号	推荐植物搭配模式示意图		
		组合一	组合二	组合三
功能主导型地被植物配植模式	05			
	06			
景观主导型地被植物配植	07			

续表

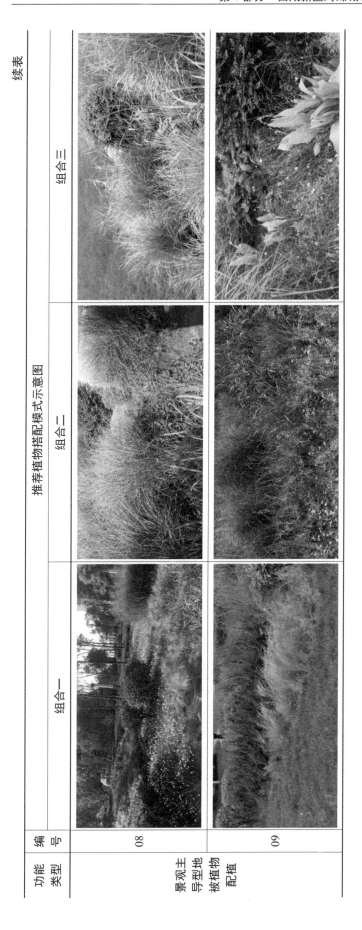

功能类型	编号	推荐植物搭配模式示意图		
		组合一	组合二	组合三
景观主导型地被植物配植	08			
	09			

附录 3 西咸新区生物滞留设施地被植物管理维护表

Table of Management and Maintenance of Bioretention Faacilities Ground-cover plants in Xixian New Area

养护内容	养护方法及标准	养护频率
植物外观及健康检查	从病虫害、枯死株、矮化与衰老等几个角度对植物进行外观度检查，评价健康度。确定植物出现病态的原因时，应咨询当地园林专家，也可通过设施渗透性能的变化对植物健康状况进行间接评价，如渗透率过低或过高时，即表明植物群落的整体健康状况不良。生物滞留设施内植物分布不均匀，草本植物的密度宜为 6～16 株 /m²，灌木的密度宜为 0.5 株 /m²。设施至少 95% 的区域需有植被覆盖，不能达到时，应及时进行补种或补株	栽后初期（一般为 3 个月内）应加强对外观度检查频率。后期每年 2 次定期检查，暴雨后或出现极旱时应增加检查频率。发生虫害后，剪修有害虫的植物或适当喷洒杀虫剂，频率为每 3 个月 1 次
植物修剪	植物修剪工作包括剪除枯死枝、病虫枝、过长枝等，修剪的标准应根据当地园林绿化设计规范或养护质量标准确定。植物修剪强度应根据植物的生长特征和季节特点，以不损坏景观效果和保持地上地下平衡为原则来确定	根据不同季节、景观需求、植物生长速度等进行不定期修剪。注意木本地被植物萌发能力强，应在冬季休眠期进行修剪
植物收割	收割高度应根据季节特点、景观需求，植物生长速度和所处的位置确定，收割后植物高度与路面高差应保持在 40～50mm，同时不小于该生物滞留设施的设计淹没深度	收割频率应根据现实需求及时进行调整
浇水灌溉	栽种前应先浇水浸地，浸水深度 10cm 以上。优先采用喷灌等节水灌溉技术，灌溉时应注意水流不可过大，避免溅起土壤污染物	地被植物栽后 4～5d 内每天早晚各浇水一次；植物栽后 2 个月内每隔浇水 2.5～5.0L；栽后 4 个月内：干旱期或暴雨次数过后，每周至少一次；初冬、植物成景后，浇水量干旱季节以及新枝绿芽出现时仍需进行浇水，应根据植物健康情况确定
杂草清除	宜采用人工清除方式，尽量少用除草剂，以避免污染过滤介质，妨碍植被生长，最终影响出水水质。若人工清除劳动强度大时，可针对性的点状喷洒除草剂	每三个月一次或根据景观要求确定除草频率，后期可逐渐减少
植物更换	栽后一年内容易出现 10% 的枯死株，后期存活率会不断提高；若出现某种植物枯死率较高时，应及时更换其他植物	栽后 3 个月内应根据植物枯死情况，及时更换。后期可缩减至每年更换一次
覆盖物更换	应根据土壤侵蚀情况来确定是否需重新添加覆盖物；植物茎部周边 5cm 范围内不应有覆盖物，以免影响植物生长	在径流量重金属负荷高的地区，需每年更换 1 次覆盖物
植物施肥	施肥量应根据植物种类、年龄、生长期和肥源以及土壤理化性状等条件而定，观花观植物应适当增加施肥量；植物栽种初期，应对植物进行适量施肥，但应避免施肥过量，否则易造成氮磷元素淋溶并随出水进入下游受纳水体	栽后一年内至少施肥两次，后期视植物生长情况进行施肥；植物休眠期和栽植前，须施基肥，植物生长期施追肥

附录 4　编制依据名录 The List of Compilatory Basis

1. 国家法规、政策、文件、标准等

《风景园林基本术语标准》CJJ/T 91—2017

《城市园林绿化评价标准》GB 50563—2010

《园林绿化工程施工及验收规范》CJJ—82—2012

《城市绿地设计规范》GB 50420—2007

《公园设计规范》GB 51192—2016

《城市道路绿化规划与设计规范》CJJ 75—97

《海绵城市建设评价标准》GB/T 51345—2018

《海绵城市绿地规划设计导则》(2015)

《海绵城市建设技术指南——低影响开发雨水系统构建（试行)》(2014)

2. 地方性文件、标准等

《西安城市总体规划（2008—2020 年)》

《陕西省海绵城市规划设计导则》DBJ61/T 126—2017

《陕西省人民政府办公厅关于推进海绵城市建设的实施意见》(陕政办发〔2016〕20 号)

资料来源

本导则所用图片、表格、照片，除单独标注外，均为编写组自绘、自摄。

第 2 部 分
Part 2

西咸新区沣西新城
海绵城市
设施实施方案分析

Case Analysis
for Design and Implementation
of Bioretention Systems
in the Sponge City of Fengxi New City, Xixian
New Area

8 案例背景
Case Background

9 案例分析
Case Study

10 生物滞留设施基本形式和
地被植物种植设计模式
Basic Forms of Bioretention Facilities
and Planting Design Patterns of
Groundcover Plants

8
案例背景
Case Background

8.1 西咸新区沣西新城自然环境条件

Natural Environmental Conditions of Fengxi New City, Xixian New Area

(1) 地形地貌

沣西新城位于关中平原，地处新生代渭河断陷盆地中部西安凹陷的北侧，地势平坦，坡度均在 8° 以下（图 8-1）。沣西新城区域内土地主要为现状渭河河道、渭河漫滩（包括低漫滩和高漫滩）以及渭河一、二、三级阶地。渭河河谷阶地是主要的土地类型。沣西新城区域内发育的微地貌有冲沟、洼地及人工坑塘、人工陡坎、人工土堆等。

(2) 气候条件

西咸新区沣西新城属于暖温带半湿润大陆性季风气候区，四季冷暖干湿分明，全年光照总时数 1983.4h，无霜期 219 天；年平均气温 13.6℃，7 月平均气温 26.8℃，1 月平均气温 -0.5℃。降水量年际变化大，季节分配不匀，年平均降水量约 520mm，年平均蒸发量 852.7mm，降水量明显大于蒸发量。

图 8-1 西咸新区沣西新城地形示意图
(资料来源: 由西咸新区沣西新城海绵技术中心提供)

(3) 土壤特征

西咸新区沣西新城基底为以冲积为主及冲洪积的粉砂质黏土、黏土质粉砂及砂、砾石，部分地区存在湿陷性黄土，对海绵城市建设中的雨水入渗技术存在一定的限制和影响。

(4) 雨水径流水质

因西咸新区沣西新城暂时缺少相关实验数据，所以本书以地理位置和气候特征相近的西安市区为样本的雨水径流水质研究。研究表明，西安市区内屋顶、路面、绿地及停车场等不同下垫面的降雨径流污染严重，超出《地表水环境质量标准》GB3838—2002 V 类水质标准的达 75%。

8.2 西咸新区规划概况

Planning Overview of Xixian New Area

(1) 组团划分

西咸新区包括五个组团，分别为空港新城、沣东新城、秦汉新城、沣西新城和泾河新城。

(2) 生态结构

西咸新区地表水系丰富，泾河、沣河、涝河、新河、皂河以及浐河、灞河等河流在此汇入渭河，自西向东流入黄河。新区以秦岭生态区、渭河干支流、渭北浅山丘陵生态区为骨干，以自然保护区、林地、大遗址为基本要素，延续区域生态格局，构建"两带、三廊、多绿楔"的生态绿化体系。"两带"——渭北帝陵风光带、周秦汉古都文化带。"三廊"——渭河、泾河、沣河三条生态景观廊道。"多绿楔"——楔入各功能组团间的生态绿地。

(3) 绿地系统

规划区内的面状绿地系统主要包括：基本农田、一般农田、遗址公园及城市公园。基本农田：面积约为 211.40km^2，主要分布于秦汉新城的西部、空港新城北部、沣西新城南部。一般农田：面积约为 109.39km^2，主要分布于泾河新城中部、秦汉新城东部。遗址公园：西咸新区共有 50 余处陵墓遗址和秦咸阳城遗址、丰京镐京遗址、阿房宫遗址、汉长安城建章宫遗址等。城市公园：西咸新区共有新区级、区级公园约 25 个。

8.3 西咸新区沣西新城海绵城市建设概况

General Situation of Sponge City Construction in Fengxi New City, Xixian New Area

(1) 西咸新区与沣西新城基本情况

西咸新区于2014年由国务院批准设立，是我国第七个国家级新区，也是首个以创新城市发展方式为主题的国家级新区，我国首批"海绵城市"建设试点城市之一，被国务院赋予建设丝绸之路经济带重要支点、我国向西开放重要枢纽、西部大开发新引擎和中国特色新型城镇化范例的历史使命。

沣西新城是西咸新区五个新城（空港新城、沣东新城、秦汉新城、沣西新城和泾河新城）之一，是西咸一体化的主要地区。沣西新城北接咸阳主城区，东西以渭河和沣河为界，总面积143km^2，城市建设用地64km^2。到2020年，沣西新城人口容量为35万人，到2035年，人口容量为64万人。沣西新城坚持创新城市发展方式的发展道路，紧紧围绕信息产业、科技创新、海绵城市以及大西安新中心等发展特色，建设成为丝绸之路信息港、西部科技创新引领区、大西安新中心重要组成部分、绿色生态示范新城。将生态、文化和创新作为特色公共产品，实现跨越式发展。

(2) 西咸新区沣西新城海绵城市建设进展

西咸新区入选我国首批"海绵城市"建设试点城市以来，以沣西新城为试点区域，持续开展低影响开发技术的探索和实践。沣西新城通过构建河网水系、中心绿廊、环城绿带、社区公园等多级开放空间，绘制协调均衡、可持续发展的"生态蓝图"，形成大开大合、疏密有致的城市形态。并建立了由建筑小区、市政道路、景观绿地、中央雨洪系统组成的四级雨水综合利用系统：在总部经济园等建筑项目中建设了大量下凹式绿地；在同德路等市政道路、环形公园等景观绿化设施中应用了雨水收集技术；中心绿廊已完成一期和二期建设，中央雨洪系统初具规模。通过四级雨水收集利用系统，将调蓄设施与城市"多层级、网络状"的绿地系统相结合，实现了"海绵城市"雨水利用体系的创新。在改善水生态及人居环境、提升城市排水防洪与防灾减灾能力、扩大优质产品供给、增强群众获得感和幸福感等方面取得了显著成效。经测算，每年可节约用水5000万吨，节约经费1.5亿元。

（3）西咸新区沣西新城海绵城市建设目标与核心控制指标

通过海绵城市建设，综合采取"渗、滞、蓄、净、用、排"等措施，最大限度地减少城市开发建设对生态环境的影响，将 85% 的降雨就地消纳和利用。到 2020 年，城市建成区 20% 以上的面积达到目标要求，海绵城市试点区域全面达到目标要求；到 2035 年，城市建成区 80% 以上的面积达到目标要求。沣西新城在我国大陆地区年径流总量控制率分区中位于 II 区，年径流总量控制率为 $80\% \leqslant \alpha \leqslant 85\%$。综合考虑沣西新城降雨特征、土壤性质、建筑密度等因素，结合已有规划和研究，确定沣西新城年径流总量控制率为 85%，相对应设计降雨量为 19.2mm。为 $80\% \leqslant \alpha \leqslant 85\%$。综合考虑沣西新城降雨特征、土壤性质、建筑密度等因素，结合已有规划和研究，确定沣西新城年径流总量控制率为 85%，相对应设计降雨量为 19.2mm。

（4）西咸新区沣西新城海绵城市建设功能分区与管控单元

海绵城市建设区分为海绵保护核心区、海绵涵养基质区、海绵修复缓冲区、海绵城市建设区、海绵村镇建设区 5 类。西咸新区分为渭河、沣河、泾河、新河、皂河 5 大流域，其中沣西新城用地分属于渭河流域、沣河流域以及新河流域。沣西新城分为 5 个排水分区，共计 26 个管控单元，分单元对场地进行年径流总量控制率、污染物削减目标及海绵设施面积的管控。总量控制率、污染物削减目标及海绵设施面积的管控。

8.4 "西北地区生物滞留设施景观植物群落适宜性设计研究"课题研究背景及内容

Research Background and Content of "Study of Adaptability Design of Landscape Plant Community of Bioretention Facilities in Northwest China"

城市快速扩张及用地性质的改变引发城市雨洪问题，生物滞留设施是海绵城市建设中微观尺度构建的一种最佳的城市雨水管理措施，因其设计规模、布置和构造的灵活性及美观性而备受青睐，其中植物的筛选和适宜性设计是生物滞留设施功能发挥的关键。生物滞留设施的功能需求和生境条件具有特殊性，其植物选种和搭配组合方式均有别于传统的植物种植设计。本课题提出生物滞留设施地被植物群落设计方法，旨在从风景园林角度探索生物滞留设施的生境营造方法，对海绵城市建设有积极意义。

（1）海绵城市与城市可持续发展

城市可持续发展是一个复杂的过程，涉及范围广、影响因素众多，目前尚无有效的解决途径。海绵城市立足于城市可持续发展，不仅着眼于城市内部排水系统和雨水利用、管理等城市雨洪管理措施，还应通过保持水质、调控水量来维持健康的城市生态系统。把城市雨洪管理措施与景观规划设计等相关专业有效结合，根据不同地区的自然与社会条件，以及建设项目中的场地条件，提出适宜的设计方法、技术路线和管理维护方式，才能使城市绿地生态服务功能和社会游憩审美效益最大化。

（2）海绵城市在西北地区面临挑战和机遇

西北地区季节性降雨量时空分布明显，传统的城市建设模式并没有解决雨洪问题。此外，带有地域特点的社会意识和公众认知给海绵城市的实施管理也带来了挑战。而防止城市内涝、减少面源污染、净化水质、进行景观植物适应性设计、提出适应地域特点的实施管理方法，这些是我国所有大中城市在建设中都需要解决的问题。因此，在西北地区进行生物滞留设施植物适宜性设计具有实践意义。

（3）沣西新城的生物滞留设施植物群落出现的问题

生物滞留设施由于在城市发展建设中具有较强的适应性，被认为是处理雨水径流和提供城市生境恢复和生物多样性保护的最佳管理措施，被广泛应用于海绵城市建设中。海绵城市构建需要不同尺度的承接配合，最后必须要落实到具体的"海绵功能体"。生物滞留设施中的植物群落则成为在微观尺度上实现城市绿地可持续雨水管理和绿色基础设施的重要媒介。同时，植物良好生长是影响生态系统服务的重要因子，也是影响生物滞留设施功能的关键因素。如何针对不同生物滞留设施进行植物选择、种植设计、栽植施工及养护管理都是亟待解决的问题。如何进行生物滞留设施的生境营造，能够形成城市环境中规划设计与建造的最小尺度的生境斑块与点，当"点"与"斑块"在数量、形态及相互关系形成合理的分布格局时，即能够形成城市内部乃至周边区域的绿地生境网络格局，城市的生态系统将更加健康和安全。

（4）生物滞留设施植物设计缺乏科学依据和技术总结

目前，国外对生物滞留设施的设计方法进行了较为科学、系统的总结和推广应用，并形成相关技术手册。但在这些技术指南中仅零散罗列了当地推荐的植物物种，并未对其筛选、种植、布局、养护管理等内容进行系统的介绍，缺乏完善的植被设计技术体系。相比较，国内研究起步较晚，首批"海绵城市"建设试点项目建设周期较短，对于生物滞留设施中植被的设计往往大量参考国外相关案例，并未考虑植物的本土性和其对气候的适应性；甚至完全根据景观需求进行设计，从而忽略植物的功能性作用，因此基于本土植物适宜性设计，提出西北地区不同生物滞留设施地被植物的群落设计方式与维护技术具有必要性。

(5) 本课题研究的主要内容

通过对沣西新城各类生物滞留设施的调研，对其进行分析梳理和归纳总结，生物滞留设施不仅具有雨水收集净化功能，还具有多样的生态功能，可增加城市生物多样性。针对西北地区海绵城市建设需要面对区域的自然环境多样化、干旱半干旱的气候条件、植物种类及社会经济发展状况等地域性特征，在满足海绵设施"渗、滞、蓄、净、用、排"等功能正常发挥的前提下，针对海绵城市建设中生物滞留池类 LID 设施植物景观设计与实施的矛盾，课题围绕"提高海绵城市建设中植物景观实用功能、生态功能和景观效果""总结生物滞留设施适宜性地被植物群落组构模式及相应的建植、维护途径"以及"针对生物滞留设施的土壤进行改良研究"三个关键问题，依托"生物滞留设施分类比较—基地模拟—观测与测试"的实验研究方案，以及相关案例调查分析，对沣西新城各类绿地中不同类型生物滞留设施与植物景观营造之间相互作用的关系进行研究，提出适宜于不同类型生物滞留设施的地被植物景观营造途径与设计模式。

9
案例分析
Case Study

9.1 案例选取的依据和类型
The Basis and Type of Case Selection

绿色雨水基础设施（Green Stormwater Infrastructure，简称 GSI）是应用于城市雨洪管理的绿色基础设施，包括了与植物结合的一系列工程措施，如：雨水花园、绿色屋顶、下凹式绿地、植草沟、嵌草砖等。绿色雨水基础设施通过利用自然条件并人工模拟生态过程的方式，通过收集、调蓄、促进渗透、净化、利用雨水径流，科学利用雨水资源能，减轻城市雨水管网压力，实现水环境的可持续发展。

本导则根据生物滞留设施的功能需求对调研案例进行分类分析与说明，将生物滞留设施分为三类，功能型、景观型和综合型生物滞留设施。功能型生物滞留设施是通过针对性的设施内部构造设计和地被植物选择与配植，具有较强的净化污染、控制径流量、促进雨水渗透等功能性，同时具备其他基本功能的生物滞留设施。景观型生物滞留设施是通过针对性的地被植物选择与配植，具有较强的观赏效果，同时具备其他基本功能的生物滞留设施。综合型生物滞留设施兼具净化污染、控制径流、促进雨水渗透等功能性和观赏效果，同时具备其他基本功能的生物滞留设施（表 9-1）。

生物滞留设施案例一览表　　　　　　　　　　表 9-1

序号	编号	案例名称	项目类型及建成时间	生物滞留设施类型	面积规模（m²）	生物滞留设施功能需求
1	KD01	康定和园生物滞留设施 01	建筑小区	雨水花园	290	景观为主，功能为辅
2	KD02	康定和园生物滞留设施 02	建筑小区	植草沟	330	景观＋功能
3	KD03	康定和园生物滞留设施 03	建筑小区	雨水花园	97	景观为主，功能为辅
4	FR01	沣润和园生物滞留设施 01	建筑小区	雨水花园	80	景观＋功能
5	GW01	管委会生物滞留设施 01	建筑小区	雨水花园	94	景观为主，功能为辅
6	GW02	管委会生物滞留设施 02	建筑小区	雨水花园	70	景观为主，功能为辅
7	QH01	秦皇大道生物滞留设施 01	机非分隔带	植草沟	100	功能为主，景观为辅
8	QH02	秦皇大道生物滞留设施 02	人行道旁绿地	雨水花园	100	景观为主，功能为辅
9	QH03	秦皇大道生物滞留设施 03	机非分隔带	植草沟	100	功能为主，景观为辅
10	QH04	秦皇大道生物滞留设施 04	机非分隔带	植草沟	100	功能为主，景观为辅
11	QH05	秦皇大道生物滞留设施 05	机非分隔带	植草沟	100	功能为主，景观为辅
12	KDL01	康定路生物滞留设施 01	机非分隔带	植草沟	30	功能为主，景观为辅
13	YP01	永平路生物滞留设施 01	机非分隔带	植草沟	45	功能为主，景观为辅
14	YP02	永平路生物滞留设施 02	机非分隔带	植草沟	45	功能为主，景观为辅
15	BMH01	白马河公园生物滞留设施 01	公园绿地	雨水花园	34000	功能为主，景观为辅

9.2 康定和园生物滞留设施案例分析
Case Study of Bioretention Facilities in Kangding heyuan Residential Area

案例 KD01
Case KD01

图 9-1　康定和园生物滞留设施案例 KD01 实景图（摄于 2019.7.23）

(1) 雨水花园场地评估与设施特点

　　康定和园生物滞留设施案例 KD01，位于居住区内两栋高层居住建筑物之间，属于雨水花园类型，设施面积约 290m²，是景观主导型生物滞留设施。样地主要收集自然降水和来自屋面以及居住区道路的雨水径流，污染轻微，径流水质较好。该雨水花园具备蓄水区、缓冲区和边缘区，东西两侧有硬质活动场地，受人为干扰的程度高，南侧有高层建筑，受一定的建筑遮阴，日照生境类型为阴生。现状土壤介质采用了原土：沙土：椰糠（比例为 4：4：2）的介质土（图 9-1、图 9-3、图 9.4）。

(2) 植物群落种植设计

　　雨水花园 KD01 以景观主导型地被植物为主，条带状种植。样地东西两侧以乔木和灌木搭配种植的方式、北侧以列植乔木的方式限定了绿地的边界，南侧无乔木，仅在人行步道入口处丛植灌木，避免了高大乔木对雨水花园形成遮阴。雨水花园蓄水区为黑心金光菊、假龙头花、黄菖蒲、狼尾草、丰花月季等植物，缓冲区为萱草、鸢尾、涝峪薹草、垂盆草、细叶芒等，边缘区为南天竹和早熟禾（图 9-2 ～图 9-4，表 9-2），具体植物群落组构可参考 1m×1m 样方图（图 9-5）。

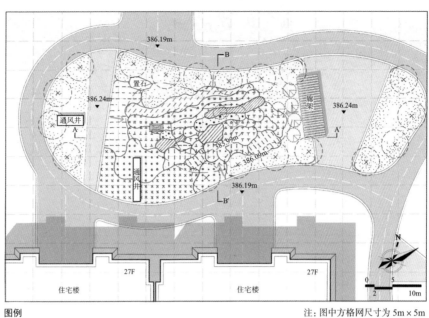

图 9-2　康定和园生物滞留设施案例 KD01 种植平面图

图例

注：图中方格网尺寸为 5m × 5m

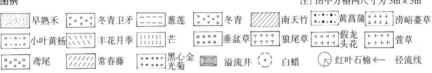

早熟禾	冬青卫矛	葱莲	冬青	南天竹
黄菖蒲	涝峪薹草	小叶黄杨	丰花月季	芒
垂盆草	狼尾草	假龙头花	萱草	鸢尾
常春藤	黑心金光菊	溢流井	白蜡	红叶石楠
径流线				

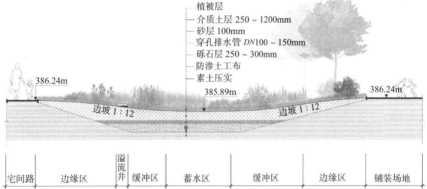

图 9-3　康定和园生物滞留设施案例 KD01 A-A′ 剖面图

植被层
介质土层 250 ~ 1200mm
砂层 100mm
穿孔排水管 DN100 ~ 150mm
砾石层 250 ~ 300mm
防渗土工布
素土压实

386.24m　　385.89m　　386.24m
边坡 1:12　　边坡 1:12

宅间路｜边缘区｜溢流井｜缓冲区｜蓄水区｜缓冲区｜边缘区｜铺装场地

图 9-4　康定和园生物滞留设施案例 KD01 B-B′ 剖面图

植被层
介质土层 250 ~ 1200mm
砂层 100mm
穿孔排水管 DN100 ~ 150mm
砾石层 250 ~ 300mm
防渗土工布
素土压实

386.19m　　385.89m　　386.19m
边坡 1:7　　边坡 1:10

组团路｜边缘区｜缓冲区｜蓄水区｜缓冲区｜边缘区｜组团路

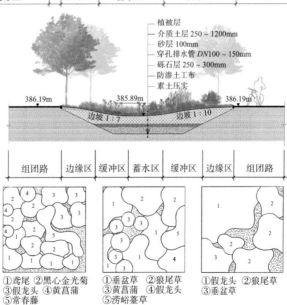

图 9-5　康定和园生物滞留设施案例 KD01 中 1m×1m 植物种植设计平面图

①鸢尾　②黑心金光菊　③假龙头　④黄菖蒲　⑤常春藤

①垂盆草　②狼尾草　③黄菖蒲　④假龙头　⑤涝峪薹草

①假龙头　②狼尾草　③垂盆草

47

图 9-6　康定和园生物滞留设施案例 KD01 植物景观（摄于 2019.7.23）

康定和园生物滞留设施案例 KD01 植物景观特性表　　　　　表 9-2

序号	植物种类	植物名称	拉丁学名	常绿/落叶	高度（cm）	花期（月）	花色
1	灌木	南天竹	*Nandina domestica*	常绿	50-60	3-6	白
2		红叶石楠	*Photinia×fraseri*		70-100	5-7	白
3		冬青	*Ilex chinensis*		100-150	4-6	淡紫
4		冬青卫矛	*Euonymus japonicus*		100-150	3	黄
5		小叶黄杨	*Buxus sinica* var. *parvifolia*		100-150	3	黄
6		常春藤	*Hedera nepalensis*		5-10	9-11	黄
7		丰花月季	*Rosa hybrida*	落叶	90-120	5-11	红
8	草本	垂盆草	*Sedum sarmentosum*	常绿	10-25	5-7	黄
9		涝峪薹草	*Carex giraldiana*	落叶	20-40	3-5	绿
10		狼尾草	*Pennisetum alopecuroides*		30-120	7-10	黄褐
11		早熟禾	*Poa annua*		10-30	4-5	绿
12		萱草	*Hemerocallis fulva*		30-60	5-7	橘黄
13		鸢尾	*Iris tectorum*		30-50	4-5	紫
14		芒	*Miscanthus sinensis*		100-200	7-12	淡绿
15		黄菖蒲	*Iris pseudacorus*		60-100	5-6	黄
16		黑心金光菊	*Rudbeckia hirta*		30-100	5-9	黄
17		假龙头花	*Physostegia virginiana*		60-120	7-9	白、紫
18		葱莲	*Zephyranthes candida*	常绿	20-30	7-9	白

（3）植物配植优化建议

　　雨水花园 KD01 内植物长势良好，群落富有层次感，质感协调，色彩丰富，整体效果好。样地边缘区种植的主要是南天竹和早熟禾，植物种类单一；蓄水区的植物主要为黑心金光菊、假龙头、南天竹、狼尾草、月季等，植物群落高度较低，宜应用高大挺拔的草本植物以与场地尺度相协调（图 9-6），植物配植建议如下：

蓄水区：芒（40%）+ 狼尾草（30%）+ 黄菖蒲（20%）+ 假龙头花（20%）；

缓冲区：天蓝鼠尾草（40%）+ 鸢尾（20%）+ 黑心金光菊（20%）+ 丰花月季（20%）+ 葱莲（20%）；

边缘区：大叶黄杨（40%）+ 涝峪薹草（20%）+ 南天竹（20%）+ 红叶石楠（20%）+ 垂盆草（10%）+ 常春藤（10%）。

案例 KD02
Case KD02

图 9-7 康定和园生物滞留设施案例 KD02 实景图（摄于 2019.7.23）

(1) 植草沟场地评估与设施特点

康定和园生物滞留设施案例 KD02，位于居住小区内道路和缓坡绿地之间，属于植草沟类型，设施面积约 330m²，是综合型生物滞留设施。样地主要收集自然降水以及来自居住区道路的雨水径流，污染轻微，径流水质一般。该植草沟具备蓄水区、缓冲区和边缘区，南侧有人行道穿过，周边道路密集，受人为干扰的程度高，周围没有建筑遮阴，日照生境类型为阳生。现状土壤介质采用了原土∶沙土∶椰糠（比例为 4∶4∶2）的介质土（图 9-7、图 9-9）。

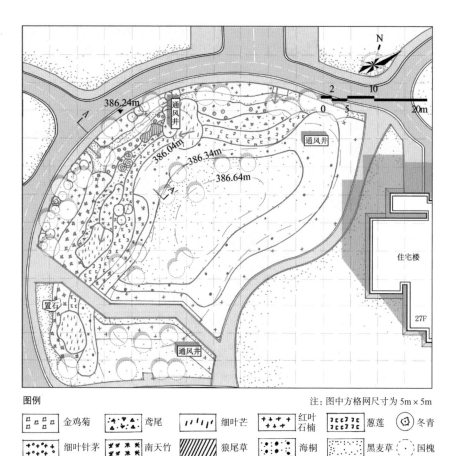

注：图中方格网尺寸为5m×5m

图例

金鸡菊	鸢尾	细叶芒	红叶石楠	葱莲	冬青	
细叶针茅	南天竹	狼尾草	海桐	黑麦草	国槐	
铺地柏	红叶石楠	径流线	±0.00m 标高			

图 9-8 康定和园生物滞留设施案例 KD02 种植平面图

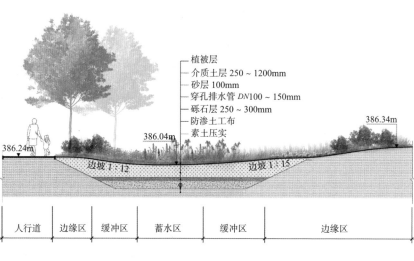

植被层
介质土层 250~1200mm
砂层 100mm
穿孔排水管 DN100~150mm
砾石层 250~300mm
防渗土工布
素土压实

386.04m
386.34m
386.24m

边坡 1:12   边坡 1:15

人行道	边缘区	缓冲区	蓄水区	缓冲区	边缘区

图 9-9 康定和园生物滞留设施案例 KD02 A-A′ 剖面图

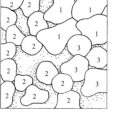
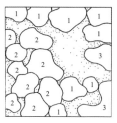
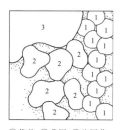

图 9-10 康定和园生物滞留设施案例 KD02 中 1m×1m 植物种植平面图

①细叶针茅 ②葱莲 ③金鸡菊   ①金鸡菊 ②鸢尾 ③铺地柏   ①葱莲 ②鸢尾 ③狼尾草

图 9-11　康定和园生物滞留设施案例 KD02 植物景观图（摄于 2019.7.23）

(2) 植物群落种植设计

植草沟 KD02 以功能主导型地被植物为主，条带状种植地被植物，层次感丰富，边界明显，选择景观效果良好，选择金鸡菊、葱莲、细叶针茅、细叶芒、鸢尾、狼尾草、铺地柏等地被草本，点缀有几株红叶石楠和冬青；样地外侧是沿居住区道路行列式种植的乔－灌搭配的植物群落，内侧紧邻带状种植的海桐，海桐内侧为灌－草植物群落（图 9-8、图 9-9、表 9-3、表 9-4），具体植物群落组构可参考 1m×1m 样方图（图 9-10）。

(3) 植物配植优化建议

雨水花园 KD02 整体植物景观效果好，层次分明，植被茂盛。样地中葱莲和细叶针茅生长状况好，观赏效果极佳，其他植物生长状况良好。但植物种类较少，葱莲、细叶针茅的种植面积过大（图 9-11），植物配植建议如下：

蓄水区：葱莲（50%）＋细叶芒（30%）＋鸢尾（20%）＋红叶石楠（10%）；

缓冲区：细叶针茅（50%）＋金鸡菊（50%）＋狼尾草（20%）＋冬青（10%）；

边缘区：铺地柏（40%）＋红叶石楠（20%）＋海桐（20%）＋南天竹（20%）。

康定和园生物滞留设施案例 KD02 植物景观特性表 表 9-3

序号	植物种类	植物名称	拉丁学名	常绿/落叶	高度（cm）	花期（月）	花色
1	灌木	南天竹	*Nandina domestica*	常绿	50-60	3-6	白
2		红叶石楠	*Photinia × fraseri*		70-100	5-7	白
3		冬青	*Ilex chinensis*		100-150	4-6	淡紫
4		海桐	*Pittosporum tobira*		60-100	3-5	白
5		铺地柏	*Sabina procumbens*		30-75	—	—
6	草本	金鸡菊	*Coreopsis drummondii*	落叶	30-60	6-9	黄
7		黑麦草	*Lolium perenne*		30-90	5-7	—
8		细叶芒	*Miscanthus sinensis* 'Gracillimus'		20-70	9-10	粉
9		细叶针茅	*Stipa lessingiana*		30-60	5-7	黄
10		葱莲	*Zephyranthes candida*		20-30	7-9	白
11		狼尾草	*Pennisetum alopecuroides*		30-120	7-10	黄褐
12		鸢尾	*Iris tectorum*		30-50	4-5	紫

康定和园生物滞留设施案例 KD02 植物功能特性表 表 9-4

序号	植物种类	植物名称	拉丁学名	耐水淹	耐干旱	耐盐碱	耐寒	根系特征	净化功能
1	灌木	南天竹	*Nandina domestica*	●	●	●	○	○	—
2		海桐	*Pittosporum tobira*	○	●	●	●	○	对二氧化硫抗性强
3		铺地柏	*Sabina procumbens*	○	●	●	○	●	—
4		红叶石楠	*Photinia × fraseri*	○	●	●	○	●	—
5		冬青	*Ilex chinensis*	○	◎	●	●	●	对二氧化硫抗性强
6	草本	金鸡菊	*Coreopsis drummondii*	○	●	●	●	—	对二氧化硫抗性强
7		黑麦草	*Lolium perenne*	○	○	●	○	○	氮/磷/COD
8		细叶针茅	*Stipa lessingiana*	○	●	○	●	○	—
9		细叶芒	*Miscanthus sinensis* 'Gracillimus'	●	●	○	○	●	—
10		狼尾草	*Pennisetum alopecuroides*	●	●	○	●	●	—
11		葱莲	*Zephyranthes candida*	●	○	—	●	●	—
12		鸢尾	*Iris tectorum*	●	●	●	●	●	氮、磷

说明："●"表示功能特性强；"◎"表示植物功能特性一般；"○"表示植物功能特性差；"—"表示植物功能特性尚不明确。

案例 KD03
Case KD03

图 9-12 康定和园生物滞留设施案例 KD03 实景图（摄于 2019.7.23）

(1) 雨水花园场地评估与设施特点

康定和园生物滞留设施案例 KD03，位于居住小区内高层居住建筑物和车行道之间，属于雨水花园类型，设施面积约 $97m^2$，是景观主导型生物滞留设施。样地主要收集自然降水以及来自屋面、居住区道路的雨水径流，污染轻微，径流水质较好；该雨水花园具备蓄水区、缓冲区和边缘区，北侧紧邻人行道路和高层建筑，东西两侧有车行道，南侧有人行道，受人为干扰的程度较高，受一定的建筑遮阴，日照生境类型为阴生。现状土壤介质采用了原土：沙土：椰糠（比例为 4：4：2）的介质土（图 9-12、图 9-14）。

(2) 植物群落种植设计

雨水花园 KD03 植物选择以景观主导型地被植物为主，灌－草搭配，层次分明，景观效果佳，以细叶针茅、芒、麦冬、南天竹、八宝景天、蓝花鼠尾草、千屈菜等地被植物为主。蓄水区种植千屈菜、蓝花鼠尾草、芒和细叶针茅，缓冲区种植南天竹、八宝景天和叉子圆柏，边缘区种植麦冬、红叶石楠和早熟禾。（图 9-13、图 9-14、表 9-5），具体植物群落组构可参考 1m×1m 样方图（图 9-15）。

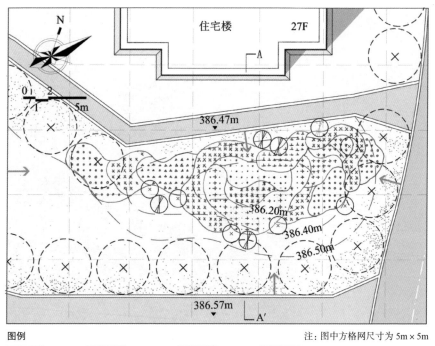

图 9-13 康定和园生物滞留设施案例 KD03 种植平面图

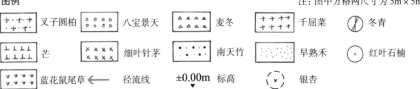

图 9-14 康定和园生物滞留设施案例 KD03 A-A′剖面图

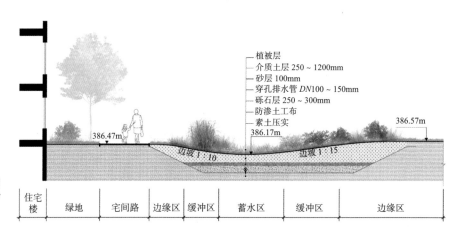

图 9-15 康定和园生物滞留设施案例 KD03 中 1m×1m 植物种植设计平面图

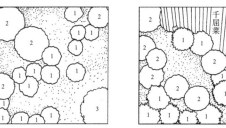

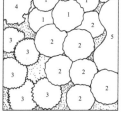

图 9-16　康定和园生物滞留设施案例 KD03 植物景观图（摄于 2019.7.23）

(3) 植物配置优化建议

植草沟 KD03 内的地被植物景观效果协调而富有层次，色彩搭配丰富合理。边缘区种植的主要是早熟禾，植物种类单一。石楠、冬青长势一般，细叶针茅部分倒伏，景观效果略显杂乱（图 9-16），植物配植建议如下：

蓄水区：细叶针茅（30%）+ 千屈菜（30%）+ 芒（20%）+ 蓝花鼠尾草（20%）；

缓冲区：八宝景天（40%）+ 麦冬（30%）+ 细叶针茅（20%）+ 南天竹（20%）；

边缘区：八宝景天（40%）+ 细叶针茅（20%）+ 麦冬（20%）+ 红叶石楠（20%）+ 冬青（10%）。

康定和园生物滞留设施案例 KD03 植物景观特性表　　　　　　　　　　表 9-5

序号	植物种类	植物名称	拉丁学名	常绿/落叶	高度（cm）	花期（月）	花色
1	灌木	叉子圆柏	*Sabina vulgaris*	常绿	50-100	—	—
2		南天竹	*Nandina domestica*		50-60	3-6	白
3		红叶石楠	*Photinia×fraseri*		70-100	5-7	白
4		冬青	*Ilex chinensis*		100-150	4-6	淡紫
5	草本	麦冬	*Ophiopogon japonicus*	落叶	20-30	5-8	粉
6		八宝景天	*Sedum spectabile*		30-50	7-10	紫红
7		早熟禾	*Poa annua*		10-30	4-5	绿
8		千屈菜	*Lythrum salicaria*		30-100	7-9	紫
9		蓝花鼠尾草	*Salvia farinacea*		30-60	6-8	蓝紫
10		芒	*Miscanthus sinensis*		100-200	7-12	淡绿
11		细叶针茅	*Stipa lessingiana*		30-60	5-7	黄

9.3 沣润和园生物滞留设施案例分析

Case Study of Bioretention Facilities in Fengrun heyuan Residential Area

案例 FR01

Case FR01

图 9-17 沣润和园生物
滞留设施案例 FR01 实景
图（摄于 2019.7.23）

(1) 雨水花园场地评估与设施特点

沣润和园生物滞留设施案例 FR01，位于沣润和园两条车行道路相交处，靠近小区内停车场，属于雨水花园类型，设施面积约 $80m^2$，是综合型生物滞留设施。样地主要收集自然降水以及来自于两侧道路和停车场的雨水径流，径流水质不佳，人为干扰程度较高；该雨水花园具备蓄水区、缓冲区和边缘区，左右两侧为居住小区内的车行道路，南侧临近停车场，并有高层居住建筑物，受一定的遮阴，日照生境类型为阴生。现状土壤介质采用了原土：沙土：椰糠（比例为 4∶4∶2）的介质土（见图 9-17、图 9-19）。

(2) 植物群落种植设计

雨水花园 FR01 植物选择兼顾景观和功能主导型地被植物，以南天竹、铺地柏、蒲苇、千屈菜、羽瓣石竹、麦冬、细叶芒、马蔺、豆瓣黄杨、细叶针茅、葱莲、黄菖蒲、早熟禾等地被植物为主。蓄水区种植葱莲、马蔺、细叶芒、蒲苇等地被植物，缓冲区种植羽瓣石竹、马蔺、黄菖蒲、千屈菜、细叶针茅、南天竹等地被植物，边缘区种植黄菖蒲、羽瓣石竹和麦冬等地被植物，场地最外侧种植冬青搭配景石（见图 9-18、图 9-19、表 9-6、表 9-7），具体植物群落组构可参考

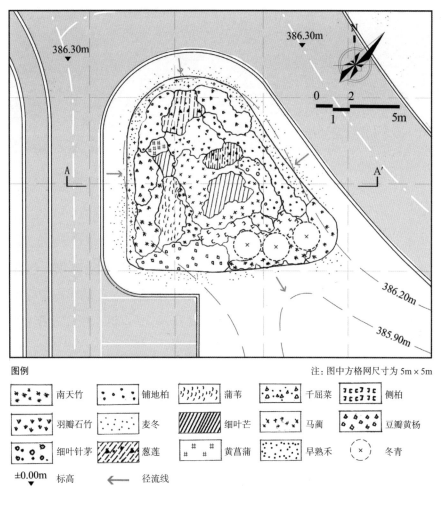

图例　　　　　　　　　　　　　　　　　　　　　　注：图中方格网尺寸为 5m×5m

南天竹　　　铺地柏　　　蒲苇　　　千屈菜　　　侧柏

羽瓣石竹　　麦冬　　　　细叶芒　　马蔺　　　　豆瓣黄杨

细叶针茅　　葱莲　　　　黄菖蒲　　早熟禾　　　冬青

±0.00m ▼ 标高　　　　径流线

图 9-18　沣润和园生物滞留设施案例 FR01 种植平面图

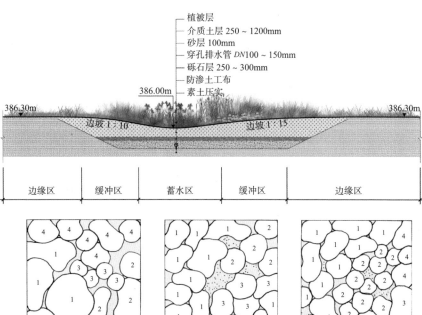

植被层
介质土层 250~1200mm
砂层 100mm
穿孔排水管 DN100~150mm
砾石层 250~300mm
防渗土工布
素土压实

386.00m

386.30m　　　　　　　　　　　　　　　　　　　　386.30m

边坡 1:10　　　　　　边坡 1:15

边缘区　　缓冲区　　蓄水区　　缓冲区　　边缘区

图 9-19　沣润和园生物滞留设施案例 FR01 A-A′剖面图

①细叶针茅 ②葱莲 ③铺地柏④马蔺　　①马蔺 ②千屈菜 ③葱莲　　①千屈菜 ②葱莲 ③铺地柏④黄菖蒲

图 9-20　沣润和园生物滞留设施案例 FR01 中 1m×1m 植物种植设计平面图

图 9-21　沣润和园生物滞留设施案例 FR01 植物景观图（2019.7.23）

1m×1m 样方图（见图 9-20）。

（3）植物配植优化建议

雨水花园 FR01 内的植被种类丰富，包含景观主导型和功能主导型的植物，既满足景观需求，还能在一定程度上控制雨水径流和净化污染。植物配植高低层次分明，景观效果良好（图 9-21），植物配植建议如下：

蓄水区：葱莲（30%）+ 黄菖蒲（30%）+ 蒲苇（20%）+ 细叶芒（20%）；

缓冲区：羽瓣石竹（40%）+ 马蔺（30%）+ 细叶针茅（20%）+ 千屈菜（20%）；

边缘区：羽瓣石竹（20%）+ 葱莲（20%）+ 麦冬（20%）+ 铺地柏（10%）+ 豆瓣黄杨（10%）+ 南天竹（10%）。

沣润和园生物滞留设施案例 FR01 地被植物景观特性表　　　　表 9-6

序号	植物种类	植物名称	拉丁学名	常绿/落叶	高度（cm）	花期（月）	花色
1	灌木	南天竹	*Nandina domestica*	常绿	50-60	3-6	白
2		冬青	*Ilex chinensis*		100-150	4-6	淡紫
3		铺地柏	*Sabina procumbens*		30-75	—	—
4	草本	羽瓣石竹	*Dianthus phumarius*	落叶	30-50	4-11	红、粉、白
5		千屈菜	*Lythrum salicaria*		30-100	7-9	紫
6		蒲苇	*Cortaderia selloana*		100-200	9-10	白
7		黄菖蒲	*Iris pseudacorus*		60-100	5-6	黄
8		细叶针茅	*Stipa lessingiana*		30-60	5-7	黄
9		细叶芒	*Miscanthus sinensis* 'Gracillimus'		20-70	9-10	粉
10		早熟禾	*Poa annua*	常绿	10-30	4-5	绿
11		葱莲	*Zephyranthes candida*		20-30	7-9	白
12		麦冬	*Ophiopogon japonicus*		20-30	5-8	粉

沣润和园生物滞留设施案例 FR01 地被植物功能特性表　　　表 9-7

序号	植物种类	植物名称	拉丁学名	耐水淹	耐干旱	耐盐碱	耐寒	根系特征	净化功能
1	灌木	南天竹	*Nandina domestica*	●	●	●	○	○	—
2		铺地柏	*Sabina procumbens*	○	●	●	●	○	—
3		冬青	*Ilex chinensis*	○	◎	●	●	●	对二氧化硫抗性强
4	草本	蒲苇	*Cortaderia selloana*	●	◎	●	●	●	—
5		黄菖蒲	*Juncus offusus*	●	◎	●	●	●	氮磷、酚、重金属
6		细叶针茅	*Stipa lessingiana*	○	○	○	●	○	—
7		细叶芒	*Miscanthus sinensis* 'Gracillimus'	●	●	○	○	●	—
8		羽瓣石竹	*Dianthus phumarius*	○	●	○	●	—	对二氧化硫、氯气抗性强
9		麦冬	*Ophiopogon japonicus*	○	●	●	●	●	—
10		千屈菜	*Lythrum salicaria*	●	◎	●	●	●	营养物、重金属
11		葱莲	*Zephyranthes candida*	●	◎	—	●	○	—
12		早熟禾	*Poa annua*	○	●	○	●	—	—

说明："●"表示功能特性强；"◎"表示植物功能特性一般；"○"表示植物功能特性差；"—"表示植物功能特性尚不明确。

9.4 管委会总部经济园生物滞留设施案例分析

Case Study of Bioretention Facilities in Management Committee's Administrative Headquarters Campus

案例 GW01

Case GW01

图 9-22　管委会总部经济园生物滞留设施案例 GW01 实景图（摄于 2019.7.23）

(1) 雨水花园场地评估与设施特点

总部经济园生物滞留设施案例 GW01，位于总部经济园办公建筑与主要人行道之间，属于雨水花园类型，设施面积约 $94m^2$，是景观主导型生物滞留设施。样地主要收集自然降水以及来自建筑屋顶和经济园内人行道路的雨水径流，周边无明显的污染源，径流水质较好；该雨水花园具备蓄水区、缓冲区和边缘区，三侧均有人行道路，受人为干扰的程度高，东侧和北侧有建筑物，受一定的建筑遮阴，日照生境类型为阴生。现状土壤介质采用了原土：沙土：椰糠（比例为 4：4：2）的介质土（图 9-22、图 9-24、图 9-25）。

(2) 植物群落种植设计

雨水花园 GW01 植物选择以景观主导型地被植物为主，条带状和组团状种植，种类多样，层次丰富。样地南侧有油松及低矮石楠、侧柏和冬青灌木球，北侧有低矮的冬青和石楠灌木球，乔－灌搭配增加了景观层次，油松造型倚斜奇特，使花园具有观赏趣味性。蓄水区种植斑茅、细叶芒、变叶芦竹和香蒲等株高最高的地被植物，缓冲区种植毛地黄钓钟柳、松果菊、千屈菜、马蔺等相对较高的地被植物，边缘区种植八宝景天、黄菖蒲、玉簪、粉花绣线菊等高度最低的地被植物（图 9-23 ～图 9-25，表 9-8），具体植物群落组构可参考 1m×1m 样方图（图 9-27）。

(3) 植物配植优化建议

雨水花园 GW01 内植物整体生长效果良好，植物种类多样，色彩丰富，植被茂盛。但地被植物设计缺少结构层，主次不分；千屈菜、黄菖蒲、粉花绣线菊等地被植物的搭配整体略显杂乱；地被植物的花期集中在夏季，建议选择一些春季开花的地被植物（图 9-26），植物配植建议如下：

蓄水区：斑茅（50%）+千屈菜（30%）+香蒲（20%）+细叶芒（20%）；

缓冲区：毛地黄钓钟柳（40%）+马蔺（30%）+变叶芦竹（20%）+黄菖蒲（20%）；

边缘区：松果菊（40%）+八宝景天（20%）+玉簪（20%）+阔叶山麦冬（20%）+粉花绣线菊（10%）+大叶黄杨（10%）+红叶石楠（10%）。

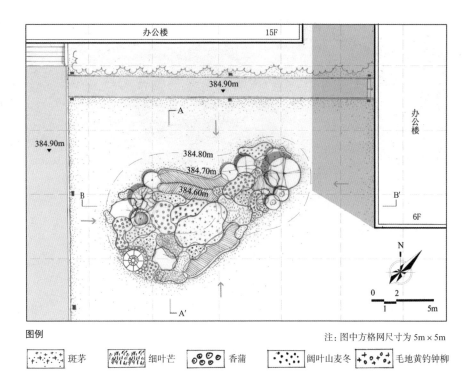

图 9-23　管委会总部经济园生物滞留设施案例 GW01 种植平面图

图例

斑茅		细叶芒		香蒲		阔叶山麦冬		毛地黄钓钟柳
松果菊		玉簪		变叶芦竹		粉花绣线菊		狗牙根
八宝景天		马蔺		黄菖蒲		千屈菜		冬青
红叶石楠		冬青卫矛		侧柏		油松		溢流井
径流线		±0.00m 标高						

注：图中方格网尺寸为 5m×5m

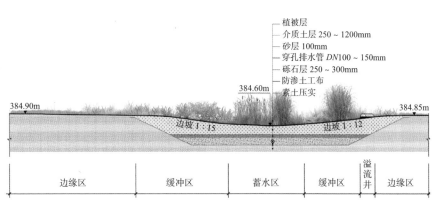

图 9-24　管委会总部经济园生物滞留设施案例 GW01 A-A′ 剖面图

植被层
介质土层 250～1200mm
砂层 100mm
穿孔排水管 DN100～150mm
砾石层 250～300mm
防渗土工布
素土压实

384.90m　　边坡 1:15　384.60m　边坡 1:12　384.85m

边缘区　缓冲区　蓄水区　缓冲区　溢流井　边缘区

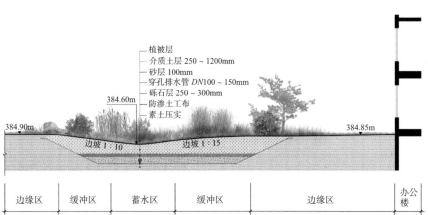

图 9-25　管委会总部经济园生物滞留设施案例 GW01 B-B′ 剖面图

植被层
介质土层 250～1200mm
砂层 100mm
穿孔排水管 DN100～150mm
砾石层 250～300mm
防渗土工布
素土压实

384.90m　边坡 1:10　384.60m　边坡 1:15　384.85m

边缘区　缓冲区　蓄水区　缓冲区　边缘区　办公楼

图 9-26　管委会总部经济园生物滞留设施案例 GW01 植物景观图（2019.7.23）

图 9-27　管委会总部经济园生物滞留设施案例 GW01 中 1m×1m 植物种植设计平面图

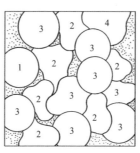

①千屈菜 ②黄菖蒲 ③马蔺
④细叶芒

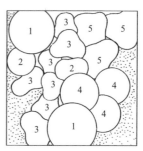

①马蔺 ②玉簪 ③松果菊
④细叶芒 ⑤黄菖蒲

管委会总部经济园生物滞留设施案例 GW01 地被植物景观特性表　　　　表 9-8

序号	植物种类	植物名称	拉丁学名	常绿/落叶	高度（cm）	花期（月）	花色
1	灌木	冬青卫矛	*Euonymus japonicus*	常绿	100-150	3	黄
2		红叶石楠	*Photinia×fraseri*		70-100	5-7	白
3		冬青	*Ilex chinensis*		100-150	4-6	淡紫
4	草本	粉花绣线菊	*Spiraea japonica*	落叶	60-150	6-7	粉
5		斑茅	*Saccharum arundinaceum*		200-300	8-12	黄绿
6		松果菊	*Echinacea purpurea*		50-150	6-7	紫红
7		八宝景天	*Sedum spectabile*		30-50	7-10	紫红
8		千屈菜	*Lythrum salicaria*		30-100	7-9	紫
9		马蔺	*Iris lactea*		50	5-6	浅蓝
10		香蒲	*Typha orientalis*		130-200	5-8	褐
11		狗牙根	*Cynodon dactylon*		10-30	5-10	淡紫
12		细叶芒	*Miscanthus sinensis* 'Gracillimus'		20-70	9-10	粉
13		毛地黄钓钟柳	*Penstemon digitalis*		60	5-6	白、粉、蓝
14		玉簪	*Hosta plantaginea*		40-80	7-9	白
15		变叶芦竹	*Arundo donax* var. *versicolor*		150-200	9-12	淡黄
16		黄菖蒲	*Iris pseudacorus*		60-100	5-6	黄
17		阔叶山麦冬	*Liriope platyphylla*	常绿	20-65	6-9	蓝紫

案例 GW02
Case GW02

图 9-28 管委会总部经济园生物滞留设施案例 GW02 实景图（摄于 2019.7.23）

(1) 雨水花园场地及设施评估

    管委会总部经济园生物滞留设施案例 GW02，位于管委会总部经济园内办公建筑与主要人行道之间，属于雨水花园类型，设施面积约 70m²，是景观主导型生物滞留设施。样地主要收集自然降水以及来自建筑屋顶雨水和经济园内人行道路的雨水径流，周边无明显的污染源，径流水质较好；该雨水花园具备蓄水区、缓冲区和边缘区，紧邻园区人行道路与低层办公建筑，受人为干扰的程度较高，西南侧有办公建筑，受一定的建筑遮阴，日照生境类型为阴生。现状土壤介质采用了原土：沙土：椰糠（比例为 4：4：2）的介质土（图 9-28、图 9-30）。

(2) 植物群落种植设计

    雨水花园 GW02 植物选择以景观主导型地被植物为主，种类多样，层次丰富。样地西南侧有石榴树、油松、侧柏、冬青和小叶黄杨的乔一灌搭配，增加了场地景观层次。蓄水区种植斑茅、千屈菜、玉簪、细叶芒、变叶芦竹等地被植物，缓冲区种植蒲苇、毛地黄钓钟柳、金鸡菊和香蒲等地被植物，边缘区种植黄菖蒲、蓝花鼠尾草、细叶针茅、粉花绣线菊、细叶芒等地被植物（图 9-29、图 9-30、表 9-9），具体植物群落组构可参考 1m×1m 样方图（图 9-32）。

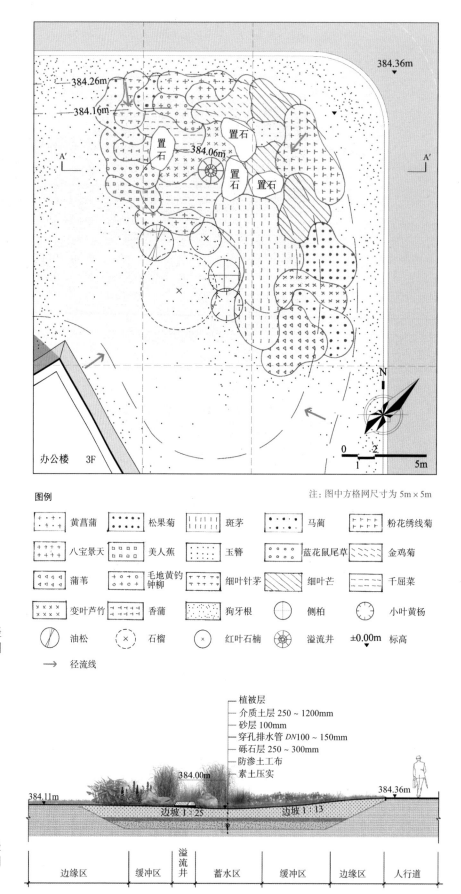

图例

注：图中方格网尺寸为 5m×5m

黄菖蒲	松果菊	斑茅	马蔺	粉花绣线菊
八宝景天	美人蕉	玉簪	蓝花鼠尾草	金鸡菊
蒲苇	毛地黄钓钟柳	细叶针茅	细叶芒	千屈菜
变叶芦竹	香蒲	狗牙根	侧柏	小叶黄杨
油松	石榴	红叶石楠	溢流井	±0.00m 标高
→ 径流线			

图 9-29 管委会总部经济园生物滞留设施案例 GW02 种植平面图

植被层
介质土层 250～1200mm
砂层 100mm
穿孔排水管 DN100～150mm
砾石层 250～300mm
防渗土工布
素土压实

384.36m
384.11m
384.00m
边坡 1:25
边坡 1:13

边缘区	缓冲区	溢流井	蓄水区	缓冲区	边缘区	人行道

图 9-30 管委会总部经济园生物滞留设施案例 GW02 A-A′ 剖面图

图 9-31　管委会总部经济园生物滞留设施案例 GW02 植物景观图（摄于 2019.7.23）

图 9-32　管委会总部经济园生物滞留设施案例 GW02 中 1m×1m 植物种植设计平面图

①松果菊 ②毛地黄钓钟柳
③马蔺 ④细叶芒
⑤变叶芦竹

①玉簪 ②八宝景天 ③麦冬
④黄菖蒲 ⑤毛地黄钓钟柳
⑥金鸡菊 ⑦千屈菜

①毛地黄钓钟柳 ②金鸡菊
③麦冬 ④细叶芒

①假龙头 ②玉簪 ③细叶芒
④千屈菜 ⑤马蔺
⑥八宝景天 ⑦金鸡菊

管委会总部经济园生物滞留设施案例 GW02 地被植物景观特性表　　　　表 9-9

序号	植物种类	植物名称	拉丁学名	常绿/落叶	高度（cm）	花期（月）	花色
1	灌木	红叶石楠	*Photinia × fraseri*	常绿	70-100	5-7	白
2		小叶黄杨	*Buxus sinica* var. *parvifolia*		100-150	3	黄
3	草本	粉花绣线菊	*Spiraea japonica*	落叶	60-150	6-7	粉
4		八宝景天	*Sedum spectabile*		30-50	7-10	紫红
5		千屈菜	*Lythrum salicaria*		30-100	7-9	紫
6		松果菊	*Echinacea purpurea*		50-150	6-7	紫红
7		斑茅	*Saccharum arundinaceum*		200-300	8-12	黄绿
8		香蒲	*Typha orientalis*		130-200	5-8	褐
9		马蔺	*Iris lactea*		50	5-6	浅蓝
10		狗牙根	*Gynodon dactylon*		10-30	5-10	淡紫
11		蓝花鼠尾草	*Salvia farinacea*		30-60	6-8	蓝紫
12		毛地黄钓钟柳	*Penstemon digitalis*		60	5-6	白、粉、蓝紫
13		金鸡菊	*Coreopsis drummondii*		30-60	6-9	黄
14		蒲苇	*Cortaderia selloana*		100-200	9-10	白
15		细叶针茅	*Stipa lessingiana*		30-60	5-7	黄
16		细叶芒	*Miscanthus sinensis* 'Gracillimus'		20-70	9-10	粉
17		变叶芦竹	*Arundo donax* var. *versicolor*		150-200	9-12	淡黄
18		美人蕉	*Canna indica*		70-150	3-12	红、黄
19		玉簪	*Hosta plantaginea*		40-80	7-9	白
20		黄菖蒲	*Iris pseudacorus*		60-100	5-6	黄

（3）植物配植优化建议

雨水花园 GW02 选择乔－草搭配种植的方式，乔木有石榴、油松、侧柏等，地被草本有黄菖蒲、松果菊、斑茅、马蔺、蒲苇、细叶芒、变叶芦竹等，地被植物高度过于均质，建议适当搭配低矮灌木和地被草本，使植物层次丰富（见图 9-31），植物配植建议如下：

蓄水区：斑茅（50%）+ 千屈菜（30%）+ 香蒲（20%）+ 细叶芒（20%）+ 黄菖蒲（20%）；

缓冲区：毛地黄钓钟柳（40%）+ 马蔺（30%）+ 蓝花鼠尾草（20%）+ 蒲苇（20%）+ 美人蕉（20%）+ 细叶针茅（10%）；

边缘区：松果菊（40%）+ 八宝景天（20%）+ 玉簪（20%）+ 粉花绣线菊（10%）+ 小叶黄杨（10%）+ 红叶石楠（10%）。

9.5 秦皇大道生物滞留设施案例分析
Case Study of Bioretention Facilities in Qinhuang Road

案例 QH01
Case QH01

图 9-33　秦皇大道生物滞留设施案例 QH01 实景图（摄于 2019.7.23）

(1) 植草沟场地及设施评估

秦皇大道生物滞留设施案例 QH01，位于秦皇大道和统一路交叉口向南约 50m 的道路西侧，是机动车道与非机动车道之间的绿化分隔带，属于植草沟类型，设施面积约 100m²，是功能主导型生物滞留设施。样地主要收集自然降水以及机动车道与非机动车道的雨水径流，面源污染严重，径流水质较差；该植草沟具有蓄水区、缓冲区和边缘区，紧邻道路，受人为干扰的程度较高，受到乔木遮阴，日照生境类型为阴生。现状土壤介质采用了原土：沙土：椰糠（比例为 4 : 4 : 2）的介质土（图 9-33、图 9-35）。

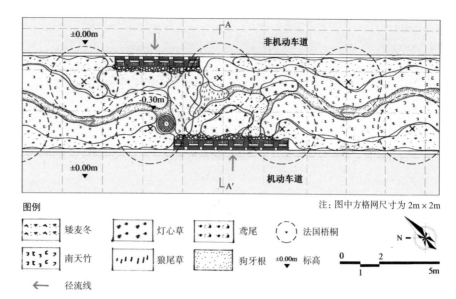

图 9-34　秦皇大道生物滞留设施案例 QH01 种植平面图

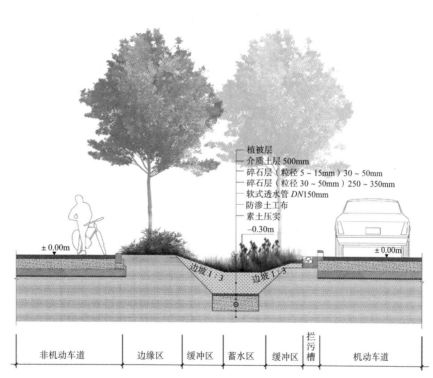

图 9-35　秦皇大道生物滞留设施案例 QH01 A-A' 剖面图

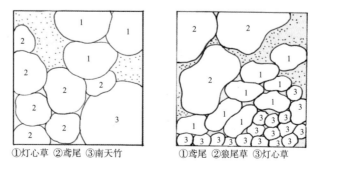

图 9-36　秦皇大道生物滞留设施案例 QH01 中 1m×1m 植物种植设计平面图

图 9-37　秦皇大道生物滞留设施案例 QH01 植物景观图（摄于 2019.7.23）

(2) 植物群落种植设计

植草沟 QH01 以功能主导型地被植物为主，选择南天竹、狼尾草、灯心草、矮麦冬、狗牙根等低矮草本。雨水滞留部分的蓄水区种植狼尾草和鸢尾，缓冲区主要种植南天竹、灯心草、鸢尾和狼尾草；雨水传输部分的蓄水区种植狗牙根，缓冲区种植南天竹，边缘区种植有南天竹和矮麦冬（图 9-34、图 9-35，表 9-10），具体植物群落组构可参考 1m×1m 样方图（图 9-36）。

(3) 植物配植优化建议

植草沟 QH01 内的植物群落整体高度较为低矮，层次不明显，以观叶、观形植物为主，缺少观花植物，群落景观效果较差。建议增加一些可以观花和株高较高的功能型地被植物（图 9-37），植物配植建议如下：

蓄水区：灯心草（60%）+ 狼尾草（30%）+ 鸢尾（20%）；

缓冲区：南天竹（50%）+ 羽瓣石竹（30%）+ 矮麦冬（20%）；

边缘区：南天竹（50%）+ 矮麦冬（80%）。

秦皇大道生物滞留设施案例 QH01 地被植物功能特性表　　　　　　　　　表 9-10

序号	植物种类	植物名称	拉丁学名	耐水淹	耐干旱	耐盐碱	耐寒	根系特征	净化功能
1	灌木	南天竹	*Nandina domestica*	●	●	●	○	○	—
2	草本	矮麦冬	*Ophiopogon japonicus* 'nana'	○	●	●	○	○	—
3		灯心草	*Juncus effusus*	●	◎	●	●	●	氮磷、酚、重金属
4		鸢尾	*Iris tectorum*	●	●	●	●	●	总氮、总磷
5		狼尾草	*Pennisetum alopecuroides*	●	●	○	●	●	—
6		狗牙根	*Cynodon dactylon*	○	●	●	◎	◎	—

说明："●"表示功能特性强；"◎"表示植物功能特性一般；"○"表示植物功能特性差；"—"表示植物功能特性尚不明确。

案例 QH02
Case QH02

图 9-38　秦皇大道生物滞留设施案例 QH02 实景图 (摄于 2019.7.23)

(1) 雨水花园场地及设施评估

　　秦皇大道生物滞留设施案例 QH02，位于秦皇大道和统一路交叉口的路侧绿地，属于雨水花园类型，面积约 100m²，是景观主导型生物滞留设施。样地主要收集自然降水，周围无明显的污染源，径流水质较好；该雨水花园具有蓄水区、缓冲区和边缘区，紧邻道路和活动场地，受人为干扰的程度较高，周围无高大乔木或建筑遮挡，日照生境类型属于阳生。现状土壤介质采用了原土：沙土：椰糠（比例为4：4：2）的介质土（图 9-38、图 9-40）。

(2) 植物群落种植设计

　　雨水花园 QH02 中的植物种类丰富，蓄水区种植涝峪薹草、马蔺、天人菊、松果菊、蓝花鼠尾草、甘西鼠尾草和山桃草，缓冲区以较高大的草本植物为主，种植芒、变叶芦竹、美人蕉和黄菖蒲，边缘区以灌木和小乔木为主，有小叶女贞、红叶石楠和冬青（图 9-39、图 9-40、表 9-11），具体植物群落组构可参考 1m×1m 样方图（图 9-41）。

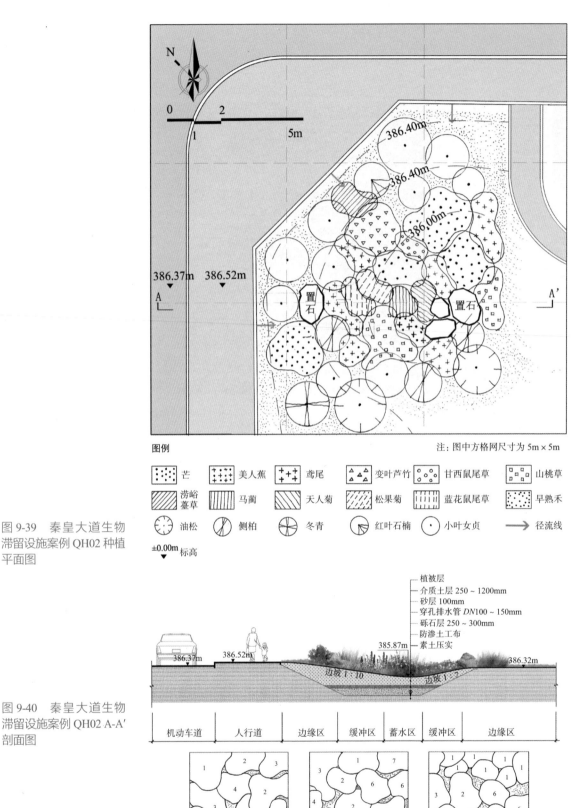

注：图中方格网尺寸为5m×5m

图例

	芒		美人蕉		鸢尾		变叶芦竹		甘西鼠尾草		山桃草
	涝峪薹草		马蔺		天人菊		松果菊		蓝花鼠尾草		早熟禾
	油松		侧柏		冬青		红叶石楠		小叶女贞	→	径流线

±0.00m ▼ 标高

图 9-39　秦皇大道生物
滞留设施案例 QH02 种植
平面图

植被层
介质土层 250 ~ 1200mm
砂层 100mm
穿孔排水管 DN100 ~ 150mm
砾石层 250 ~ 300mm
防渗土工布
素土压实

图 9-40　秦皇大道生物
滞留设施案例 QH02 A-A'
剖面图

机动车道 | 人行道 | 边缘区 | 缓冲区 | 蓄水区 | 缓冲区 | 边缘区

图 9-41　秦皇大道生物滞
留设施案例 QH02 中 1m×
1m 植物种植设计平面图

①芒 ②美人蕉 ③马蔺
④山桃草 ⑤鸢尾

①马蔺 ②鸢尾 ③山桃草
④美人蕉 ⑤甘西鼠尾草
⑥蓝花鼠尾草 ⑦芒

①芒 ②鸢尾 ③山桃草
④美人蕉 ⑤甘西鼠尾草
⑥蓝花鼠尾草

图 9-42　秦皇大道生物滞留设施案例 QH02 植物景观图（摄于 2019.7.23）

（3）植物配植优化建议

雨水花园 QH02 植物选择以景观主导型地被植物为主，植物种类丰富，高低层次分明。边缘区种植了高大挺拔的变叶芦竹、马蔺、侧柏、油松，蓄水区种植较为低矮的景观效果良好的开花植物，高大常绿植物遮挡了景观视线，导致该雨水花园的景观效果不佳。建议根据场地生境条件选择植株矮小的开花植物种植在设施的边缘区，选择株高较高的植物种植在蓄水区，以增加设施整体的层次及美观度（图 9-42），植物配植建议如下：

蓄水区：芒（40%）+ 美人蕉（30%）+ 黄菖蒲（20%）+ 变叶芦竹（20%）；

缓冲区：天蓝鼠尾草（40%）+ 马蔺（20%）+ 天人菊（20%）+ 松果菊（20%）+ 甘西鼠尾草（20%）；

边缘区：山桃草（40%）+ 涝峪薹草（20%）+ 小叶女贞（20%）+ 红叶石楠（20%）+ 冬青（10%）。

秦皇大道生物滞留设施案例 QH02 地被植物景观特性表　　　　表 9-11

序号	植物种类	植物名称	拉丁学名	常绿/落叶	高度（cm）	花期（月）	花色
1	灌木	红叶石楠	*Photinia×fraseri*	常绿	70-100	5-7	白
2		冬青	*Ilex chinensis*		100-150	4-6	淡紫
3		小叶女贞	*Ligustrum quihoui*		70-100	5-7	白
4		涝峪薹草	*Carex giraldiana*		20-40	3-5	绿
5		马蔺	*Iris lactea*		50	5-6	浅蓝
6		松果菊	*Echinacea purpurea*		50-150	6-7	紫红
7		早熟禾	*Poa annua*		10-30	4-5	绿
8		变叶芦竹	*Arundo donax* var. *versicolor*		150-200	9-12	淡黄
9	草本	美人蕉	*Canna indica*	落叶	70-150	3-12	红、黄色
10		黄菖蒲	*Iris pseudacorus*		60-100	5-6	黄
11		芒	*Miscanthus sinensis*		100-200	7-12	淡绿
12		天人菊	*Gaillardia pulchella*		20-60	6-9	橘黄
13		蓝花鼠尾草	*Salvia farinacea*		30-60	6-8	蓝紫
14		甘西鼠尾草	*Salvia przewalskii*		60-70	5-8	紫红
15		山桃草	*Gaura lindheimeri*		60-100	5-8	粉红

案例 QH03
Case QH03

图 9-43 秦皇大道生物滞留设施案例 QH03 实景图（摄于 2019.7.23）

(1) 植草沟场地及设施评估

　　秦皇大道生物滞留设施案例 QH03，位于秦皇大道路东侧的机动车道与非机动车道之间的绿化分隔带，属于植草沟类型，设施面积约 100m²，是功能主导型生物滞留设施。样地主要收集自然降水以后机动车道与非机动车道的雨水径流，面源污染严重，径流水质较差；该植草沟具有蓄水区、缓冲区和边缘区，紧邻道路，受人为干扰的程度较高，受到乔木遮阴，日照生境类型为阴生。现状土壤介质采用了原土∶沙土∶椰糠（比例为 4∶4∶2）的介质土（图 9-43、图 9-45）。

(2) 植物群落种植设计

　　植草沟 QH03 以功能主导型地被植物为主，选择玉带草、迷迭香、灯心草、黄菖蒲、小兔子狼尾草、鸢尾和马蔺等低矮草本。雨水滞留部分的蓄水区种植迷迭香、马蔺、玉带草、黄菖蒲、羽瓣石竹，缓冲区种植鸢尾、南天竹、玉带草和小兔子狼尾草；雨水传输部分的蓄水区种植狗牙根，缓冲区种植南天竹，边缘区种植南天竹和矮麦冬（图 9-44、图 9-45、表 9-12），具体植物群落组构可参考 1m×1m 样方图（图 9-46）。

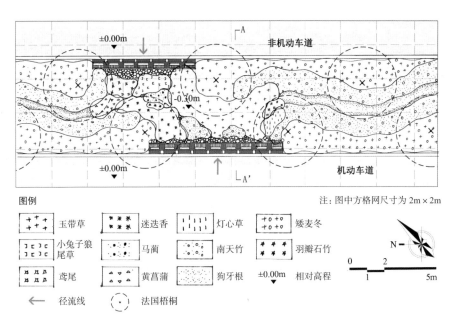

图例   注：图中方格网尺寸为 2m×2m

玉带草   迷迭香   灯心草   矮麦冬

小兔子狼尾草   马蔺   南天竹   羽瓣石竹

鸢尾   黄菖蒲   狗牙根   ±0.00m 相对高程

径流线   法国梧桐

0 1 2 5m

图 9-44   秦皇大道生物滞留设施案例 QH03 种植平面图

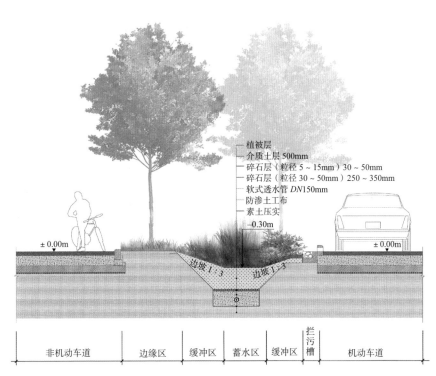

植被层
介质土层 500mm
碎石层（粒径 5～15mm）30～50mm
碎石层（粒径 30～50mm）250～350mm
软式透水管 DN150mm
防渗土工布
素土压实
−0.30m

±0.00m   ±0.00m

边坡 1:3   边坡 1:3

非机动车道 | 边缘区 | 缓冲区 | 蓄水区 | 缓冲区 | 拦污槽 | 机动车道

图 9-45   秦皇大道生物滞留设施案例 QH03 A-A′剖面图

①迷迭香 ②羽瓣石竹 ③黄菖蒲
④马蔺 ⑤小兔子狼尾草

①玉带草 ②鸢尾 ③灯心草
④南天竹

图 9-46   秦皇大道生物滞留设施案例 QH03 中 1m×1m 植物种植设计平面图

73

图 9-47 秦皇大道生物滞留设施案例 QH03 植物景观（摄于 2019.7.23）

(3) 植物配植优化建议

植草沟 QH03 的雨水滞留部分内的地被植物以观叶、观形植物为主，缺少观花植物，玉带草与迷迭香略显杂乱，景观效果较差。建议减少迷迭香与玉带草的种植，增加一些观花和株高较高的功能主导型地被植物（见图 9-47），植物配植建议如下：

蓄水区：灯心草（50%）+ 小兔子狼尾草（30%）+ 黄菖蒲（20%）+鸢尾（20%）+ 马蔺（10%）；

缓冲区：迷迭香（30%）+ 玉带草（30%）+ 羽瓣石竹（20%）+红叶石楠（20%）；

边缘区：矮麦冬（70%）+ 狗牙根（30%）。

秦皇大道生物滞留设施案例 QH03 地被植物功能特性表　　　　　表 9-12

序号	植物种类	植物名称	拉丁学名	耐水淹	耐干旱	耐盐碱	耐寒	根系特征	净化功能
1	灌木	南天竹	*Nandina domestica*	●	●	●	○	○	—
2		迷迭香	*Rosmarinus officinalis*	◎	●	◎	○	◎	—
3	草本	玉带草	*Phalaris arundinacea* L.	●	◎	○	◎	●	—
4		灯心草	*Juncus effusus*	●	◎	●	●	●	氮磷、酚、重金属
5		羽瓣石竹	*Dianthus phumarius*	○	●	○	●	—	对二氧化硫、氯气抗性强
6		黄菖蒲	*Iris pseudacorus*	●	◎	●	●	○	重金属
7		小兔子狼尾草	*Pennisetum alopecuroides* 'Little Bunny'	●	●	○	●	●	—
8		鸢尾	*Iris tectorum*	●	●	●	●	●	总氮、总磷
9		马蔺	*Iris lactea*	●	●	●	●	●	总氮、总磷
10		狗牙根	*Cynodon dactylon*	○	●	●	◎	◎	—
11		矮麦冬	*Ophiopogon japonicus* var. 'nana'	○	●	●	○	○	—

说明："●"表示功能特性强；"◎"表示植物功能特性一般；"○"表示植物功能特性差；"—"表示植物功能特性尚不明确。

案例 QH04
Case QH04

图 9-48　秦皇大道生物滞留设施案例 QH04 实景图（摄于 2019.7.23）

(1) 植草沟场地及设施评估

　　秦皇大道生物滞留设施案例 QH04，位于秦皇大道路东侧的机动车道与非机动车道之间的绿化分隔带，属于植草沟类型，设施面积约 100m²，是功能主导型生物滞留设施。样地主要收集自然降水以及机动车道与非机动车道的雨水径流，面源污染严重，径流水质较差；该植草沟具有蓄水区、缓冲区和边缘区，紧邻道路，受人为干扰的程度较高，受到乔木遮阴，日照生境类型为阴生。现状土壤介质采用了原土：沙土：椰糠（比例为 4：4：2）的介质土（图 9-48、图 9-50）。

(2) 植物群落种植设计

　　植草沟 QH04 以功能主导型地被植物为主，选择鸢尾、狼尾草、灯心草、变叶芦竹、铺地柏、矮麦冬等地被草本。雨水滞留部分的蓄水区种植鸢尾、变叶芦竹、狼尾草，缓冲区种植铺地柏、鸢尾和灯心草；雨水传输部分的蓄水区种植狼尾草，缓冲区种植铺地柏，边缘区种植铺地柏和矮麦冬（图 9-49、图 9-50、表 9-13），具体植物群落组构可参考 1m×1m 样方图（图 9-51）。

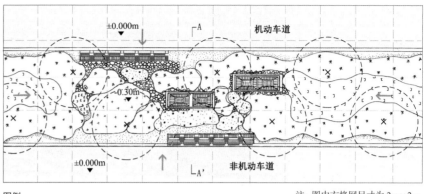

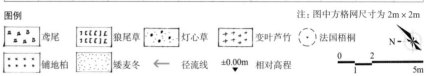

图 9-49 秦皇大道生物滞留设施案例 QH04 种植平面图

注：图中方格网尺寸为 2m×2m

图例

⟦鸢尾⟧ 鸢尾　⟦狼尾草⟧ 狼尾草　⟦灯心草⟧ 灯心草　⟦变叶芦竹⟧ 变叶芦竹　⟦法国梧桐⟧ 法国梧桐

⟦铺地柏⟧ 铺地柏　⟦矮麦冬⟧ 矮麦冬　← 径流线　±0.00m ▽ 相对高程

N

0　2
1　　5m

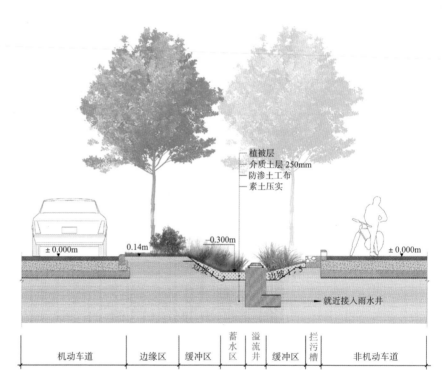

图 9-50 秦皇大道生物滞留设施案例 QH04 A-A′剖面图

植被层
介质土层 250mm
防渗土工布
素土压实

就近接入雨水井

机动车道　边缘区　缓冲区　蓄水区　溢流井　缓冲区　拦污槽　非机动车道

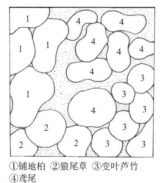

图 9-51 秦皇大道生物滞留设施案例 QH04 中 1m×1m 植物种植设计平面图

①铺地柏 ②狼尾草 ③变叶芦竹　　①变叶芦竹 ②矮麦冬 ③狼尾草
④鸢尾　　　　　　　　　　　　　④铺地柏

图 9-52　秦皇大道生物滞留设施案例 QH04 植物景观（摄于 2019.7.23）

(3) 植物配植优化建议

植草沟 QH04 内植物搭配高低错落，整体生长状况良好，狼尾草开花繁茂，与变叶芦竹在颜色上呼应，使场地颇有生机，但样地中地被层的覆盖度较低，建议增加矮麦冬和鸢尾等低矮地被（图 9-52），植物配植建议如下：

蓄水区：灯心草（50%）+ 狼尾草（30%）+ 鸢尾（30%）；

缓冲区：铺地柏（50%）+ 变叶芦竹（30%）+ 狼尾草（20%）；

边缘区：矮麦冬（70%）+ 狗牙根（30%）。

秦皇大道生物滞留设施案例 QH04 地被植物功能特性表　　　　表 9-13

序号	植物种类	植物名称	拉丁学名	耐水淹	耐干旱	耐盐碱	耐寒	根系特征	净化功能
1	灌木	铺地柏	*Sabina procumbens*	○	●	●	●	○	—
2	草本	灯心草	*Juncus effusus*	●	◎	○	◎	○	—
3		鸢尾	*Iris tectorum*	●	◎	●	●	●	氮磷、酚、重金属
4		狼尾草	*Pennisetum alopecuroides*	○	●	○	●	—	对二氧化硫、氯气抗性强
5		变叶芦竹	*Arundo donax* var. *versicolor*	●	◎	●	●	○	重金属
6		狗牙根	*Cynodon dactylon*	○	●	●	◎	◎	—
7		矮麦冬	*Ophiopogon japonicus* var. 'nana'	○	●	●	○	○	—

说明："●"表示功能特性强；"◎"表示植物功能特性一般；"○"表示植物功能特性差；"—"表示植物功能特性尚不明确。

案例 QH05
Case QH05

图 9-53 秦皇大道生物
滞留设施案例 QH04 实景
图（摄于 2019.7.23）

（1）植草沟场地及设施评估

秦皇大道生物滞留设施案例 QH05，位于秦皇大道路西侧的机动车道与非机动车道之间绿化分隔带，属于植草沟类型，设施面积约 100m²，是功能主导型生物滞留设施。样地主要收集自然降水以及机动车道与非机动车道的雨水径流，面源污染严重，径流水质较差；该植草沟具有蓄水区、缓冲区和边缘区，紧邻道路，受人为干扰的程度较高，受到乔木遮阴，日照生境类型为阴生。现状土壤介质采用了原土：沙土：椰糠（比例为 4：4：2）的介质土（图 9-53、图 9-55）。

（2）植物群落种植设计

植草沟 QH05 内的植物以黄菖蒲、狼尾草、灯心草、日本矮麦冬等地被植物为主搭配灌木南天竹、紫叶矮樱和红叶石楠。雨水滞留部分的蓄水区种植黄菖蒲、灯心草、小兔子狼尾草，缓冲区种植南天竹、灯心草、小兔子狼尾草；雨水传输部分的蓄水区种植狗牙根，缓冲区种植南天竹、紫叶矮樱和红叶石楠，边缘区种植南天竹和矮麦冬（图 9-54、图 9-55、表 9-14），具体植物群落组构可参考 1m×1m 样方图（图 9-56）。

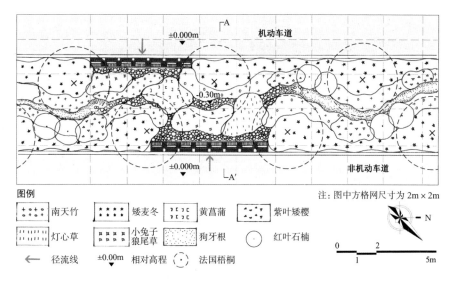

图 9-54　秦皇大道生物滞留设施案例 QH05 种植平面图

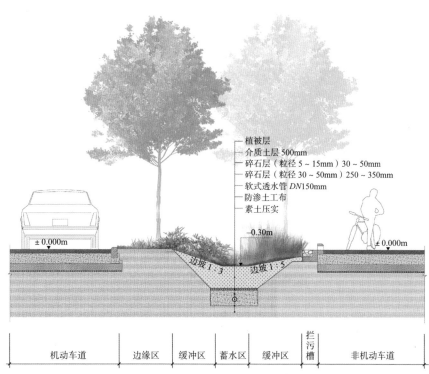

图 9-55　秦皇大道生物滞留设施案例 QH05 A-A′剖面图

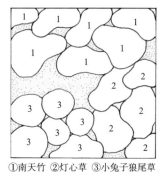
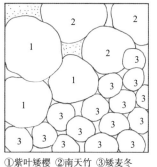

图 9-56　秦皇大道生物滞留设施案例 QH05 中 1m×1m 植物种植设计平面图

①南天竹 ②灯心草 ③小兔子狼尾草　　　①紫叶矮樱 ②南天竹 ③矮麦冬

图 9-57 秦皇大道生物滞留设施案例 QH05 植物景观（摄于 2019.7.23）

(3) 植物配植优化建议

植草沟 QH05 内植物整体长势良好，灌木和草本搭配高低明显有层次，但样地整体略显单调，建议增加观花地被植物（图 9-57），植物配植建议如下：

蓄水区：灯心草（60%）+ 狼尾草（30%）+ 黄菖蒲（20%）；

缓冲区：南天竹（50%）+ 黄菖蒲（30%）+ 紫叶矮樱（10%）+ 红叶石楠（10%）；

边缘区：矮麦冬（70%）+ 狗牙根（30%）。

秦皇大道生物滞留设施案例 QH05 地被植物功能特性表　　　　　表 9-14

序号	植物种类	植物名称	拉丁学名	耐水淹	耐干旱	耐盐碱	耐寒	根系特征	净化功能
1	灌木	南天竹	*Nandina domestica*	○	●	●	●	○	—
2		红叶石楠	*Photinia × fraseri*	○	●	●	○	●	—
3	草本	紫叶矮樱	*Prunus × cistena* N.E.Hansen ex Koehne	○	◎	◎	●	○	—
4		灯心草	*Juncus effusus*	●	◎	●	●	●	氮磷、酚、重金属
5		黄菖蒲	*Iris pseudacorus*	●	◎	●	●	○	重金属
6		小兔子狼尾草	*Pennisetum alopecuroides* 'Little Bunny'	●	●	○	●	●	—
7		矮麦冬	*Ophiopogon japonicus* var. 'nana'	○	●	●	○	○	—
8		狗牙根	*Cynodon dactylon*	○	●	●	◎	◎	—

说明："●"表示功能特性强；"◎"表示植物功能特性一般；"○"表示植物功能特性差；"—"表示植物功能特性尚不明确。

康定路生物滞留设施案例分析
Case Study of Bioretention Facilities in Kangding Road

案例 KDL01
Case KDL01

图 9-58　康定路生物滞留设施案例 KDL01 实景图（摄于 2019.7.23）

(1) 植草沟场地及设施评估

　　康定路生物滞留设施案例 KDL01，位于康定路北侧的机动车道与非机动车道之间的绿化分隔带，属于植草沟类型，设施面积约 30m^2，是功能主导型生物滞留设施。样地主要收集自然降水以及机动车道与非机动车道的雨水径流，面源污染严重，径流水质较差；该植草沟具备蓄水区、缓冲区和边缘区，紧邻道路，受人为干扰的程度较高，受到乔木遮阴，日照生境类型为阴生。现状土壤介质采用了原土：沙土：椰糠（比例为 4：4：2）的介质土（图 9-58、图 9-60）。

(2) 植物群落种植设计

　　植草沟 KDL01 以功能主导型地被植物为主，选择鸢尾、细叶芒、小叶女贞、麦冬、红叶石楠等地被草本，呈带状分布，两侧种植乔木。雨水滞留部分的蓄水区种植细叶芒和鸢尾，缓冲区种植红叶石楠和小叶女贞，边缘区种植红叶石楠和麦冬；雨水传输部分的蓄水区种植狗牙根，缓冲区种植细叶芒和红叶石楠，边缘区种植红叶石楠和矮麦冬（图 9-59、图 9-60、表 9-15），具体植物群落组构可参考 1m×1m 样方图（图 9-61）。

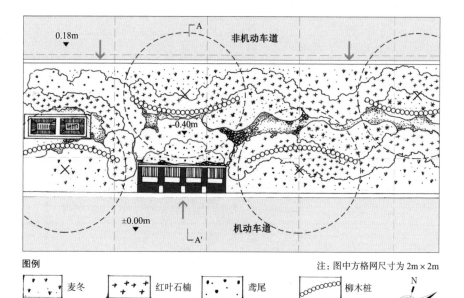

图 9-59 康定路生物滞留设施案例 KDL01 种植平面图

图例

	麦冬		红叶石楠		鸢尾		柳木桩
	狗牙根		细叶芒		小叶女贞		
←	径流线		白蜡	±0.00m ▽	相对高程		

注：图中方格网尺寸为 2m×2m

N

0   1   2   3m

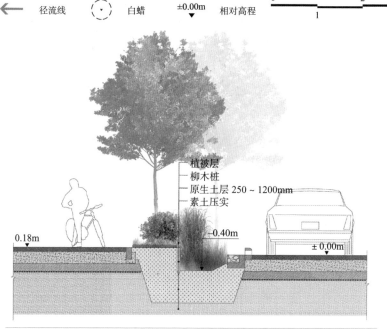

图 9-60 康定路生物滞留设施案例 KDL01 A-A′剖面图

植被层
柳木桩
原生土层 250～1200mm
素土压实

0.18m ▽   −0.40m   ±0.00m ▽

非机动车道	边缘区	蓄水区	拦污槽	机动车道

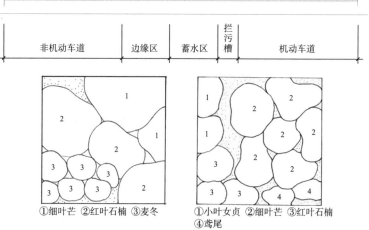

图 9-61 康定路生物滞留设施案例 KDL01 中 1m×1m 植物种植设计平面图

①细叶芒 ②红叶石楠 ③麦冬

①小叶女贞 ②细叶芒 ③红叶石楠 ④鸢尾

图 9-62　康定路生物滞留设施案例 KDL01 植物景观图（2019.7.23）

（3）植物配植优化建议

植草沟 KDL01 样地邻近入水口处，由于受到径流污染与冲刷较强的影响，植物群落景观效果差。其中鸢尾和细叶芒长势较差，覆盖度较低，且现状植物种类单一，建议增加灯心草、麦冬等地被植物（图9-62），植物配植建议如下：

蓄水区：灯心草（60%）+ 细叶芒（30%）+ 鸢尾（20%）；

缓冲区：红叶石楠（40%）+ 小叶女贞（40%）+ 麦冬（20%）；

边缘区：麦冬（70%）+ 狗牙根（30%）。

康定路生物滞留设施案例 KDL01 地被植物功能特性表　　表 9-15

序号	植物种类	植物名称	拉丁学名	耐水淹	耐干旱	耐盐碱	耐寒	根系特征	净化功能
1	灌木	小叶女贞	*Ligustrum quihoui*	●	◎	●	●	●	对二氧化硫抗性强
2		红叶石楠	*Photinia×fraseri*	○	●	●	○	●	—
3	草本	麦冬	*Ophiopogon japonicus*	○	●	●	●	●	—
4		鸢尾	*Iris tectorum*	●	●	●	●	●	总氮、总磷
5		细叶芒	*Miscanthus sinensis* 'Gracillimus'	●	●	○	○	●	—
6		狗牙根	*Cynodon dactylon*	○	●	●	◎	◎	—

说明："●" 表示功能特性强；"◎" 表示植物功能特性一般；"○" 表示植物功能特性差；"—" 表示植物功能特性尚不明确。

9.7 永平路生物滞留设施案例分析
Case Study of Bioretention Facilities in Yongping Road

案例 YP01
Case YP01

图 9-63 永平路生物滞留设施案例 YP01 实景图（摄于 2019.7.23）

(1) 植草沟场地及设施评估

永平路生物滞留设施案例 YP01，位于永平路北侧的机动车道与非机动车道之间的绿化分隔带，属于植草沟类型，设施面积约 45m²，是功能主导型生物滞留设施。样地主要收集自然降水以及机动车道与非机动车道的雨水径流，面源污染严重，径流水质较差；该植草沟具有蓄水区、缓冲区和边缘区，紧邻道路，受人为干扰的程度较高，受到乔木遮阴，日照生境类型为阴生。现状土壤介质采用了原土：沙土：椰糠（比例为 4：4：2）的介质土（图 9-63、图 9-65）。

(2) 植物群落种植设计

植草沟 YP01 以功能主导型地被植物为主，呈带状分布，选择鸢尾、狼尾草、小叶女贞、红叶石楠和狗牙根等地被草本，两侧种植乔木。雨水传输部分的蓄水区种植狼尾草和狗牙根，缓冲区种植鸢尾、小叶女贞和红叶石楠，边缘区种植小叶女贞、红叶石楠和矮麦冬（图 9-64、图 9-65、表 9-16），具体植物群落组构可参考 1m×1m 样方图（图 9-66）。

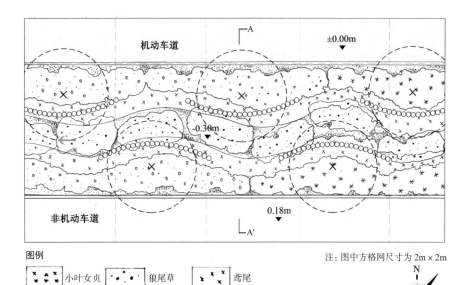

图 9-64 永平路生物滞留设施案例 YP01 种植平面图

图例
小叶女贞   狼尾草   鸢尾
红叶石楠   狗牙根   柳木桩
法国梧桐 ±0.00m 相对高程 ← 径流线

注：图中方格网尺寸为 2m×2m
N
0   2
1   3m

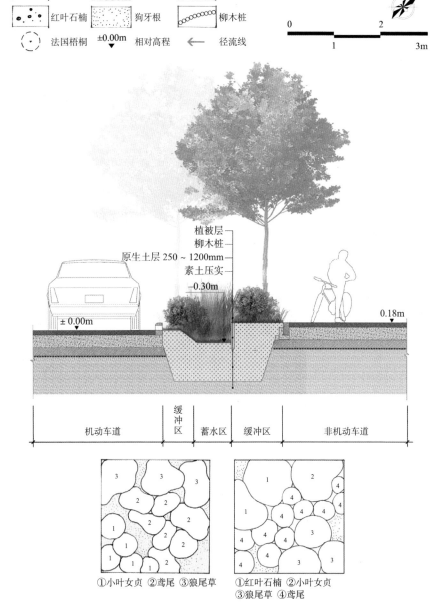

图 9-65 永平路生物滞留设施案例 YP01 A-A′剖面图

植被层
柳木桩
原生土层 250~1200mm
素土压实
-0.30m
±0.00m
0.18m

机动车道 缓冲区 蓄水区 缓冲区 非机动车道

图 9-66 永平路生物滞留设施案例 YP01 中 1m×1m 植物种植设计平面图

①小叶女贞 ②鸢尾 ③狼尾草

①红叶石楠 ②小叶女贞
③狼尾草 ④鸢尾

图 9-67　永平路生物滞留设施案例 YP01 植物景观图（2019.7.23）

（3）植物配植优化建议

植草沟 YP01 内的植物长势良好，高低层次分明。狼尾草增加自然荒野美，红叶石楠和小叶女贞使植物群落的叶片的色彩和质感丰富。但为了增强植物的景观效果，建议增加一些观花地被植物（图 9-67），植物配植建议如下：

蓄水区：南天竹（60%）＋狼尾草（30%）＋鸢尾（20%）；

缓冲区：南天竹（70%）＋灯心草（30%）；

边缘区：红叶石楠（50%）＋小叶女贞（50%）＋狗牙根（20%）。

永平路生物滞留设施案例 YP01 地被植物功能特性表　　　　　　表 9-16

序号	植物种类	植物名称	拉丁学名	耐水淹	耐干旱	耐盐碱	耐寒	根系特征	净化功能
1	灌木	小叶女贞	*Ligustrum quihoui*	●	◎	●	●	●	对二氧化硫抗性强
2		红叶石楠	*Photinia×fraseri*	○	●	●	○	●	—
3	草本	狼尾草	*Pennisetum alopecuroides*	●	●	○	●	●	—
4		鸢尾	*Iris tectorum*	●	●	●	●	●	总氮、总磷
5		狗牙根	*Cynodon dactylon*	○	●	●	◎	◎	—

说明："●"表示功能特性强；"◎"表示植物功能特性一般；"○"表示植物功能特性差；"—"表示植物功能特性尚不明确。

案例 YP02
Case YP02

图 9-68 永平路生物滞留带样地 YP02 实景图（摄于 2019.7.23）

(1) 植草沟场地及设施评估

    永平路生物滞留设施案例 YP02，位于永平路南侧的机动车道与非机动车道之间的绿化分隔带，属于植草沟类型，设施面积约 45m²，是功能主导型生物滞留设施，主要收集自然降水以及机动车道与非机动车道的雨水径流，面源污染严重，径流水质较差；该植草沟具有蓄水区、缓冲区和边缘区，紧邻道路，受人为干扰的程度较高，受到乔木遮阴，日照生境类型为阴生。现状土壤介质采用了原土：沙土：椰糠（比例为 4：4：2）的介质土（图 9-68、图 9-70）。

(2) 植物群落种植设计

    植草沟 YP02 以功能主导型地被植物为主，呈带状分布，选择鸢尾、狼尾草、小叶女贞、南天竹、金叶女贞、红叶石楠和狗牙根等地被草本，两侧种植乔木。雨水滞留部分的蓄水区种植狼尾草、金叶女贞，缓冲区种植鸢尾和海桐；雨水传输部分的蓄水区种植金叶女贞和狗牙根，缓冲区种植小叶女贞和红叶石楠，边缘区种植小叶女贞和红叶石楠（图 9-69、图 9-70、表 9-17），具体植物群落组构可参考 1m×1m 样方图（图 9-71）。

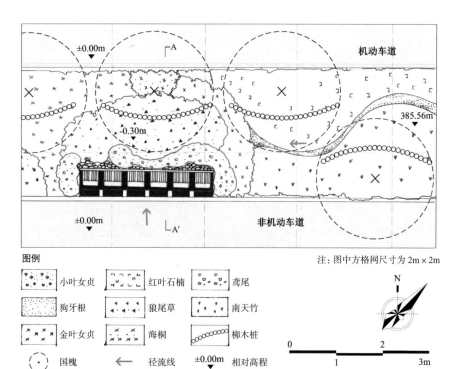

图 9-69　永平路生物滞留设施案例 YP02 种植平面图

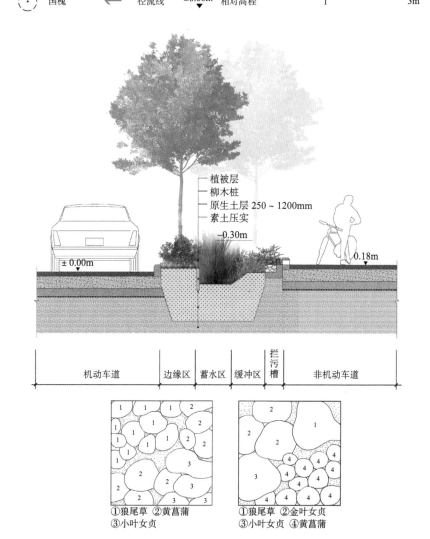

图 9-70　永平路生物滞留设施案例 YP02 A-A′剖面图

图 9-71　永平路生物滞留设施案例 YP02 中 1m×1m 植物种植设计平面图

图 9-72　永平路生物滞留设施案例 YP02 植物景观图（2019.7.23）

(3) 植物配植优化建议

植草沟 YP02 中植物长势良好，能很好地适应道路的面源污染，且植物种类多样，色彩丰富。缺点是植物高度均质，建议种植株高较高的禾本科地被植物如狼尾草，使样地植物层次分明，增加场地自然美（图 9-72），植物配植建议如下：

蓄水区：狼尾草（50%）＋红叶石楠（30%）＋鸢尾（20%）；

缓冲区：狼尾草（50%）＋南天竹（30%）＋海桐（20%）；

边缘区：小叶女贞（30%）＋金叶女贞（30%）＋红叶石楠（30%）＋海桐（20%）＋狗牙根（20%）。

永平路生物滞留设施案例 YP02 地被植物功能特性表　　　　　　　　　　　表 9-17

序号	植物种类	植物名称	拉丁学名	耐水淹	耐干旱	耐盐碱	耐寒	根系特征	净化功能
1	灌木	小叶女贞	*Ligustrum quihoui*	●	◎	●	●	●	对二氧化硫抗性强
2		金叶女贞	*Ligustrum × vicaryi*	○	●	●	●	●	—
3		红叶石楠	*Photinia×fraseri*	○	●	●	○	●	—
4		海桐	*Pittosporum tobira*	○	●	●	●	○	对二氧化硫抗性强
5		南天竹	*Nandina domestica*	●	●	●	○	○	—
6	草本	鸢尾	*Iris tectorum*	●	●	●	●		总氮、总磷
7		狼尾草	*Pennisetum alopecuroides*	●	●	○	●		—
8		狗牙根	*Cynodon dactylon*	○	●	●	◎	◎	—

说明："●"表示功能特性强；"◎"表示植物功能特性一般；"○"表示植物功能特性差；"—"表示植物功能特性尚不明确。

9.8 白马河公园生物滞留设施案例分析
Case Study of Bioretention Facilities in Baima River Park

案例 BMH01
Case BMH01

图 9-73　白马河公园航拍图（摄于 2020.07.11）

(1) 雨水花园场地及设施评估

　　白马河生物滞留设施案例 BMH01，位于沣西新城东部，东临白马河路，北靠永沣路，西侧及南侧为规划建设的居住区和商住用地，毗邻沣西新城总部经济园二期，属于公园绿地，属于沣西新城北片区唯一的公园绿地。公园面积约为 34000m^2，调研样地为功能主导型生物滞留设施，主要收集公园的自然降水以及公园四周不渗透区域的雨水径流，周围无较明显的污染源，径流水质较好；该雨水花园是自然放坡式的下凹绿地，受人为干扰的程度较低，具备蓄水区，缓冲区和边缘区，周围种植有乔木，日照生境类型为阴生。现状土壤介质以原生土为主（图 9-73、图 9-76）。

(2) 植物群落种植设计

　　雨水花园 BMH01 内植物整体生长效果良好，边缘区种植的主要是乔木和狗牙根，缓冲区是松果菊，细叶针茅和迎春花；蓄水区的植物主要为细叶针茅和松果菊，底层铺垫有砾石，植物覆盖度整体较高；选用的地被植物花期集中在夏季和秋季（见图 9-74 ～图 9-76、表 9-18），具体植物群落组构可参考 1m×1m 样方图（图 9-78）。

图 9-74 白马河生物滞留设施案例 BMH01 实景图（摄于 2020.06）

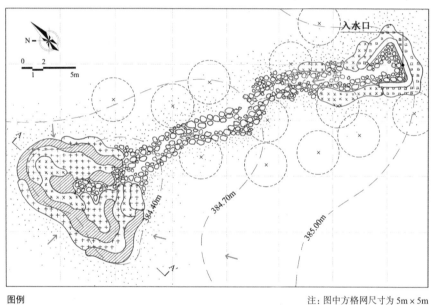

图例

注：图中方格网尺寸为 5m×5m

迎春花　　芒　　松果菊　　细叶针茅　　狗牙根

砾石　　旱柳　　径流线

图 9-75 白马河生物滞留设施案例 BMH01 种植平面图

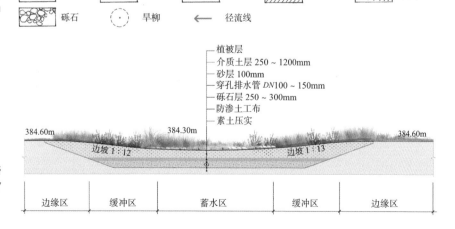

植被层
介质土层 250~1200mm
砂层 100mm
穿孔排水管 DN100~150mm
砾石层 250~300mm
防渗土工布
素土压实

384.60m　　　384.30m　　　384.60m

边坡 1:12　　边坡 1:13

边缘区　缓冲区　蓄水区　缓冲区　边缘区

图 9-76 白马河生物滞留设施案例 BMH01 A-A′ 剖面图

图 9-77 白马河公园生物滞留设施案例 BMH02 植物景观图 (2019.7.23)

图 9-78 白马河公园生物
滞留设施案例 BMH01 中
1m×1m 植物种植设计平
面图

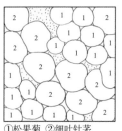

①松果菊 ②细叶针茅

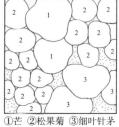

①芒 ②松果菊 ③细叶针茅

(3) 植物配植优化建议

雨水花园 BMH01 中植物长势良好，样地边界以乔－草搭配为主，蓄水区被地被植物覆盖，植物种类相对其他雨水花园较单一，层次性较差，但是多了一份田园之美的野趣，建议增加迎春花、细叶针茅来丰富植物季相与层次（图 9-77），植物配植建议如下：

蓄水区：松果菊（40%）+ 细叶针茅（40%）+ 狗牙根（20%）+ 八宝景天（20%）+ 灯心草（20%）；

缓冲区：松果菊（60%）+ 迎春花（40%）+ 细叶针茅（20%）+ 羽瓣石竹（20%）；

边缘区：狗牙根（100%）。

白马河公园生物滞留设施案例 BMH01 地被植物功能特性表 　　　表 9-18

序号	植物种类	植物名称	拉丁学名	耐水淹	耐干旱	耐盐碱	耐寒	根系特征	净化功能
1	灌木	迎春花	*Jasminum nudiflorum*	○	◎	○	◎	○	—
2	草本	松果菊	*Echinacea purpurea*	○	●	●	●	○	—
3		芒	*Miscanthus sinensis*	●	●	○	○	●	—
4		细叶针茅	*Stipa lessingiana*	○	○	○	●	○	—
5		狗牙根	*Cynodon dactylon*	○	●	◎	◎	●	—
6		羽瓣石竹	*Dianthus phumarius*	○	●	○	●	—	对二氧化硫、氯气抗性强
7		八宝景天	*Sedum spectabile*	○	●	●	●	○	氮／磷／重金属
8		灯心草	*Juncus effusus*	●	◎	●	●	●	氮／磷／重金属

说明："●"表示功能特性强；"◎"表示植物功能特性一般；"○"表示 v 植物功能特性差；"—"表示植物功能特性尚不明确。

10

生物滞留设施基本形式和地被植物种植设计模式

Basic Forms of Bioretention Facilities and Planting Design Patterns of Groundcover Plants

根据项目所在场地类型特征和生物滞留设施地被植物设计的需求，提出生物滞留设施基本形式和地被植物种植设计模式。通过对前期调研内容的分析梳理和归纳总结，以及国外相关案例的研究，结合场地条件及生物滞留设施的功能定位和景观需求，进行生物滞留设施形态优化和地被植物种植设计。

将生物滞留设施种植区在空间上划分为蓄水区、缓冲区、边缘区。在满足场地条件和蓄水量的要求下，对生物滞留设施进行负地形的形态优化设计。结合生物滞留设施边缘区、缓冲区、蓄水区的分区情况，重点对生物滞留设施的缓冲区和边缘区进行形态优化设计，优化后的边坡形式有自然草坡型、硬质坡型、直立坡型。

结合前期场地评估，我们将地被植物群落根据其应用方式分为景观主导型地被植物群落与功能主导型地被植物群落。地被植物群落的结构分为三层：地面覆盖层、季节主题层、结构层；时间维度上，提出结合生物滞留设施中地被植物的生长周期开展 2～3 年地被植物连续性设计。

综上，总结梳理了生物滞留设施基本形式有 4 种，生物滞留设施地被植物种植设计有 9 种模式。

10.1 生物滞留设施基本形式
Basic Forms of Bioretention Facilities

10.1.1　生物滞留设施断面原型

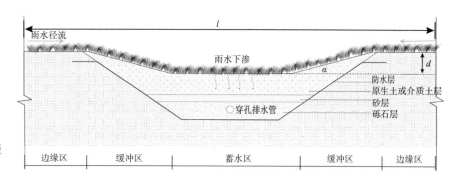

图 10-1　生物滞留设施原型断面图

图 10-1 为生物滞留设施的断面原型，该类型生物滞留设施适用于一般场地。生物滞留设施种植区在空间上划分为三个分区：蓄水区、缓冲区和边缘区。图中 l 为设施的宽度，具体宽度根据场地的条件确定，一般为 100 ～ 400cm；d 为设施深度，一般为 10 ～ 30cm；α 为边坡角度，$\alpha<30°$。

在实际应用中，为了满足场地的特殊条件和需求，在保证蓄水量的条件下，可对生物滞留设施的缓冲区和边缘区进行形态优化设计。为了防止雨水径流对边坡的侵蚀，可在边坡上铺设植草毯、土工织物或嵌草砖。通过对前期调研内容的分析梳理和归纳总结，以及国外相关案例的研究，提出 4 种生物滞留设施的基本形式（图 10-2）。

10.1.2 生物滞留设施基本形式

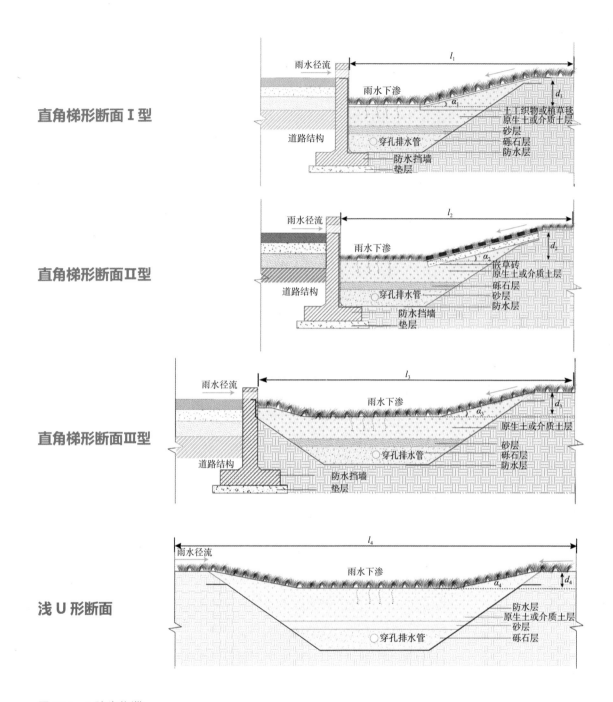

直角梯形断面Ⅰ型

直角梯形断面Ⅱ型

直角梯形断面Ⅲ型

浅 U 形断面

图 10-2 4 种生物滞留设施基本形式

10.1.3　直角梯形断面Ⅰ型

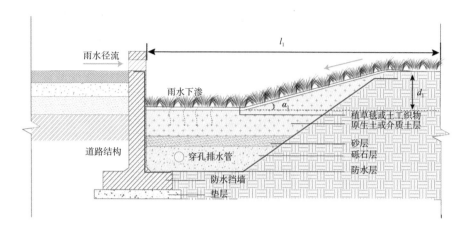

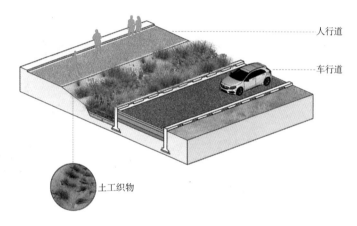

图 10-3　直角梯形Ⅰ型
断面图与轴剖图

(1) 设计目标

　　该类型生物滞留设施适用于道路附属绿地,具有生物滞留设施的基本功能。生物滞留设施宽度较窄,可节省大量空间,适用于宽度狭窄的场地。 宜在设施底部和自然边坡上铺设植草毯或土工织物,减轻雨水径流对植物根系的冲刷。

(2) 断面设计特点

　　该类型生物滞留设施为直角梯形断面(图 10-3),一侧为直立硬质边坡,一侧为自然边坡。设施的宽度 l_1<300cm,自然边坡角度 α_1<30°,设施深度 d_1>30cm。为了满足场地条件和蓄水要求,该设施的深度较深,在使用时尽量选择人流量少的场地,并设置警示牌。

(3) 植物设计策略

　　在蓄水区种植耐水淹、抗污染、净化能力强,同时有一定的耐旱能力的地被植物。在缓冲区的自然边坡上铺设植草毯或土工织物，种植根系发达、耐干旱、耐水淹、耐冲刷的地被植物。

（4）后期维护要求

该类型生物滞留设施的边坡形式一侧为硬质边坡、一侧为自然边坡，硬质边坡不需要频繁的维护，另一侧的自然边坡只需要日常维护。因此该类型的生物滞留设施的后期维护要求较低。

（5）应用案例

如图 10-4、图 10-5 为该类型生物滞留设施的应用案例。设施为道路旁的植草沟，一侧为直立边坡、一侧为自然边坡，在植草沟底部和自然边坡上铺设植草毯，使植物可以在较陡的边坡上生长。不仅满足场地条件和生物滞留设施基本功能，同时营造良好的景观效果。

图 10-4　法国巴黎 Ecoquartier Victor Hugo 维克多雨果生态街区（摄于2019. 04.29）

图 10-5　法国巴黎 Rives de Seine.Ile Sequin 协议开发区（摄于 2019.04.29）

10.1.4　直角梯形断面 II 型

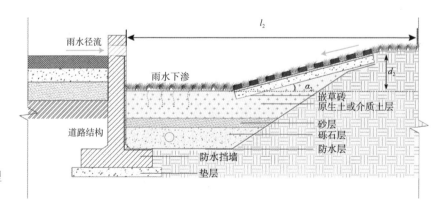

图 10-6　直角梯形Ⅱ型断面图

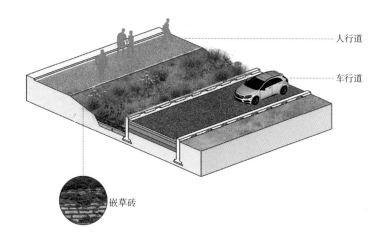
人行道

车行道

嵌草砖

图 10-7　直角梯形断面
Ⅱ型轴剖图

(1) 设计目标

该类型生物滞留设施适用于道路附属绿地，满足生物滞留设施的基本功能。生物滞留设施宽度狭窄，较节省空间。宜在自然边坡上铺设嵌草砖，减轻雨水径流对边坡土壤的冲刷和侵蚀。

(2) 断面设计特点

该类型生物滞留设施为直角梯形断面，一侧为直立硬质边坡，另一侧为铺设嵌草砖的自然边坡。（图 10-6、图 10-7）生物滞留设施的宽度 l_2<300cm，自然边坡角度 a_2<30°，设施深度 d_2>30cm。

(3) 植物设计策略

在蓄水区种植低矮的耐水淹、抗污染、净化能力强，同时有一定耐旱能力的地被植物。在缓冲区硬质边坡上种植耐干旱、耐瘠薄、耐冲刷、根系发达的地被植物，例如狗牙根。

(4) 后期维护要求

该类型生物滞留设施的边坡形式一侧为直立硬质边坡、一侧为自然硬质边坡，两侧的边坡都不需要频繁的日常维护，因此后期的维护要求较低。

(5) 对应案例

该类型生物滞留设施为道路旁的植草沟，一侧为直立边坡、一侧为自然边坡，在自然边坡上铺设嵌草砖（图 10-8），防止雨水径流对边坡的侵蚀。

图 10-8 法国巴黎 Rives de Seine.Ile Sequin 协议开发区（住宅区）实景图（摄于 2019.04.29）

10.1.5 直角梯形断面Ⅲ型

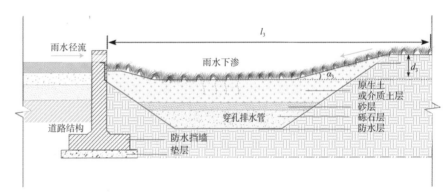

图 10-9 直角梯形Ⅲ型断面图

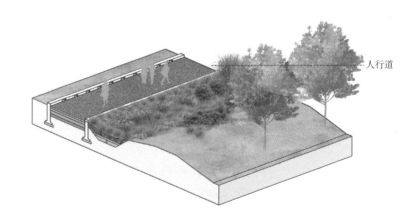

图 10-10 直角梯形断面Ⅲ型轴剖图

(1) 设计目标

该类型生物滞留设施适用于道路附属绿地，满足生物滞留设施的基本功能。设施宽度相对狭窄，可节省空间，适用于狭窄的场地。

(2) 断面设计特点

该类型生物滞留设施为直角梯形断面，一侧硬质边坡，另一侧为自然边坡。（如图 10-9、图 10-10）生物滞留设施的宽度 $l_3<400cm$，设施深度 $d_3= 200 \sim 300cm$，自然边坡角度 $\alpha_3<30°$。若边角度大于 30°，建议在自然边坡上铺设植草毯、土工织物或嵌草砖，减少雨水径流对边坡土壤的侵蚀。

(3) 植物设计策略

在蓄水区种植耐水淹、抗污染、净化能力强，同时有一定的耐旱能力的地被植物。在缓冲区种植根系发达、耐干旱、耐冲刷的地被植物，减少雨水径流对边坡土壤的冲刷和侵蚀，同时兼具美观效果。

(4) 后期维护要求

该类型生物滞留设施的边坡一侧为硬质边坡、另一侧为自然边坡，硬质边坡不需要频繁的维护，自然边坡只需要日常维护，因此后期的维护要求较低。

(5) 应用案例

图 10-11，该生物滞留设施为道路旁的植草沟，植草沟的边坡形式为一侧为硬质边坡、一侧为自然边坡。在植草沟内种植地被植物，可以减少雨水对边坡的侵蚀，去除雨水径流中的污染，营造良好的景观效果。

图 10-11　法国巴黎 Rives de Seine.Ile Sequin　协议开发区实景图（摄于 2019.04.29）

10.1.6 浅 U 形断面

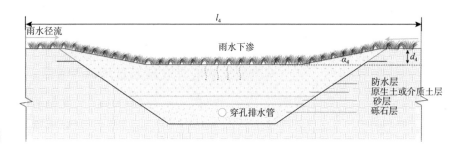

图 10-12 浅 U 形断面图

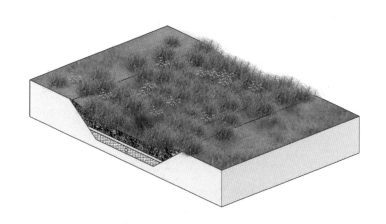

图 10-13 浅 U 形断面轴
剖图

(1) 设计目标

该类型生物滞留设施适用于道路附属绿地或公园绿地，满足生物
滞留设施的基本功能。生物滞留设施两侧边坡坡度较缓，边坡较长，
适用于宽度较宽的场地。

(2) 断面设计特点

如图 10-12、图 10-13，该类型生物滞留设施为浅 U 形断面，两
侧自然边坡较长、坡度较缓，雨水径流对边坡的冲刷较小。整体形态
较为平缓，能够存储、传输的雨水径流量相对较大。生物滞留设施的
宽度 L_4>400cm，边坡角度 α_4<30°，深度 d_4=10 ～ 30cm，两侧为自
然边坡。

(3) 植物设计策略

在蓄水区种植耐水淹、抗污染、净化能力强，同时有一定的耐旱
能力的地被植物。在缓冲区种植耐干旱、耐水淹、耐冲刷的地被植物，
在边缘区种植耐干旱的地被植物。

(4) 后期维护要求

该类型生物滞留设施的两侧边坡形式为自然边坡，设施的缓冲区的宽度较宽，后期维护的面积大，生物滞留设施维护成本高。

(5) 应用案例

图 10-14，该生物滞留设施为居住区绿地中的植草沟，植草沟的两侧为自然边坡。该设施边坡的坡度较平缓，在设施内种植景观较好的草本植物和灌木，在满足生物滞留设施基本功能的同时具有良好的景观效果。

图 10-14　康定和园生物滞留设施案例 KD02 实景图（摄于 2019.07.23）

10.2 生物滞留设施地被植物种植设计
Planting Design of Groundcover Plants of Bioretention Facilities

10.2.1 生物滞留设施地被植物种植设计模式图

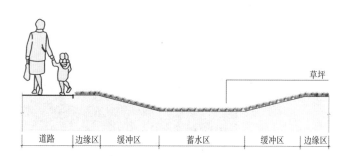

草坪

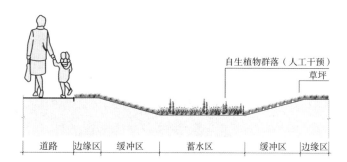

人工干预的自生植物群落 + 草坪

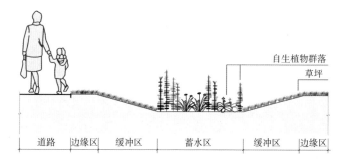

自生植物群落 + 草坪

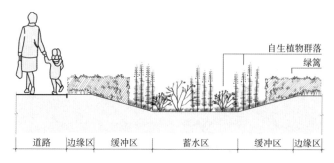

自生植物群落 + 绿篱

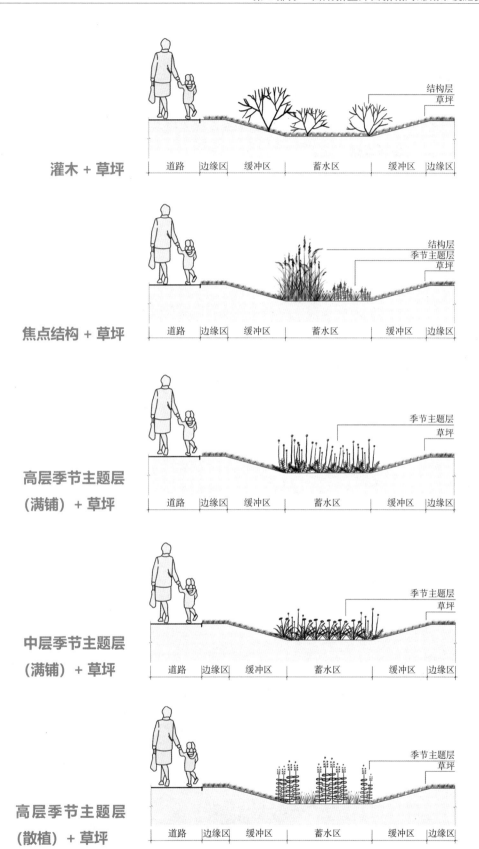

灌木 + 草坪

焦点结构 + 草坪

高层季节主题层
（满铺）+ 草坪

中层季节主题层
（满铺）+ 草坪

高层季节主题层
（散植）+ 草坪

10.2.2 草坪

(1) 设计目标

图 10-15、图 10-16，该种植物设计模式适用于公园绿地。在该设计模式中以根系发达的地面覆盖层植物为主，防止其他杂草的入侵，降低维护成本。

(2) 设计模式特点

该设计模式主要选用的植物是功能主导型地被植物，植物群落的主要功能性目标是促渗和低维护管理。植物群落结构简洁，以草坪覆盖地面，营造简单疏朗的视觉效果。

(3) 设计策略

以草坪覆盖生物滞留设施的所有种植区域，配植在蓄水区的植物具有耐水淹、抗污染、净化能力强，同时有一定的耐旱能力的特点，配植在缓冲区的植物具有耐干旱、耐水淹、耐冲刷的特点。草坪的地下茎和匍匐茎，能快速满铺地面，抑制杂草生长。草坪推荐植物有结缕草、野牛草、狗尾草、矮麦冬等。

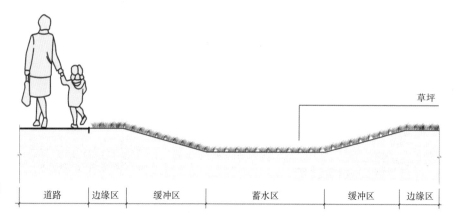

图 10-15 草坪地被植物种植设计立面图

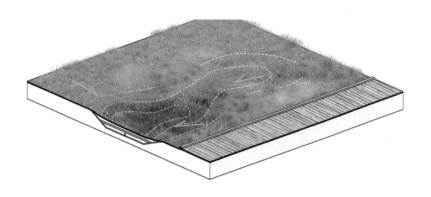

图 10-16 草坪地被植物种植设计轴剖图

（4）应用案例

　　该地被植物种植设计模式在美国奥斯汀德州州政府办公绿地运用（图 10-17），在满足场地需求的基础上，营造简单疏朗的视觉景观效果。

图 10-17　美国奥斯汀德州州政府办公绿地实景图（摄于 2016.11.17）

10.2.3　人工干预的自生植物群落 + 草坪

（1）设计目标

　　图 10-18、图 10-19，该植物种植设计模式适用于公园绿地或居住区附属绿地。该种植模式的特点是以草坪和人工干预后的自生植物群落覆盖地面，能够防止其他杂草的入侵，降低维护的频率，增加生物多样性。适用于大面积的绿地生态修复。

（2）设计模式特点

　　该设计模式主要选用的植物是功能主导型地被植物，植物群落的主要功能性目标是净化污染、促渗、低维护管理、增加生物多样性。以人工干预后的自生植物群落搭配草坪，群落整体高度较均一，营造自然简单的视觉效果。

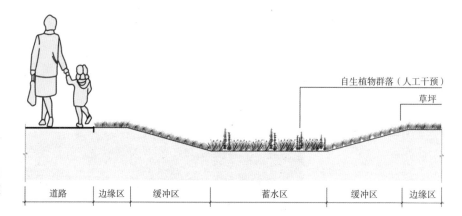

图 10-18 人工干预的自生植物群落 + 草坪地被植物种植设计立面图

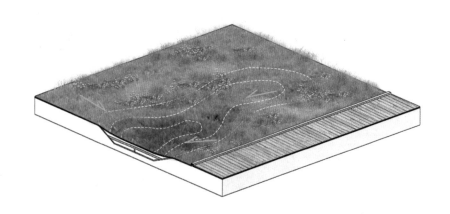

图 10-19 人工干预的自生植物群落 + 草坪地被植物种植设计轴剖图

(3) 设计策略

a) 蓄水区的植物群落主要是人工干预的自生植物群落搭配草坪。在自生植物群落的基础上，人工种植景观效果较好的季节主题层或结构层植物。该区域的植物需要满足耐干旱、耐水淹、抗污染、净化能力强的要求，季节主题层或结构层植物选择可参考本导则第 1 部分的附录 1，草坪植物推荐有结缕草、野牛草等。

b) 在设施的缓冲区和边缘区以地面覆盖层植物为主，植物需要满足耐干旱、耐冲刷的要求，推荐植物有结缕草、矮麦冬、白花车轴草等。

(4) 应用案例

如图 10-20，该案例为沣西新城白马河公园的生物滞留设施。该生物滞留设施的蓄水区和缓冲区的植物以人工干预的自生植物群落为主，在场地自生植物群落的基础上，有人工种植的小兔子狼尾草、迎春花、地被石竹等植物，增加群落的美观度。

图 10-20　白马河公园生物滞留设施实景图 (摄于 2019.04.29)

10.2.4　自生植物群落 + 草坪

(1) 设计目标

如图 10-21、图 10-22，该植物种植设计模式适用于公园绿地或居住区附属绿地。在该设计模式中植物以自生植物群落为主，在营造良好的植物景观的同时，增加群落生物多样性，降低维护频率。

(2) 设计模式特点

该设计模式主要选用的是功能主导型地被植物，植物群落的主要功能性目标是截流促渗、去污染、增加生物多样性和低维护管理。群落整体结构复杂、层次高低分明、植物种类多样、景观效果良好、富有自然野趣。

(3) 设计策略

a) 在蓄水区保留场地中的自生植物群落，具有促进低维护管理和增加生物多样性的作用。

b) 在设施的缓冲区和边缘区以地面覆盖层植物或自生植物群落搭配草坪为主，植物需要满足耐干旱、耐水淹、耐冲刷的要求。地面覆盖层推荐植物有白花车轴草、矮麦冬、葱莲等。

(4) 应用案例

如图 10-23, 该案例为法国巴黎维克多雨果生态街区生物滞留设施，该生物滞留设施中的地被植物群落为自生植物群落生长状况良好，能够促进低维护管理。

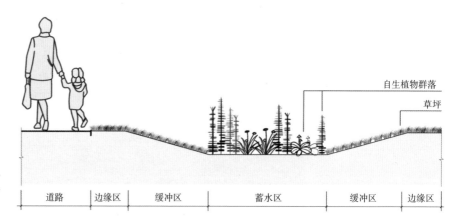

图 10-21　自生植物群落+
草坪地被植物种植设计
立面图

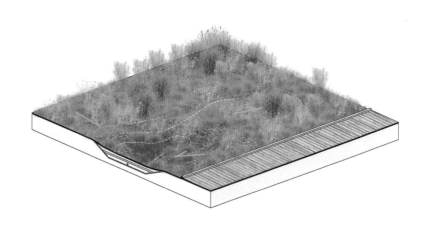

图 10-22　自生植物群落+
草坪地被植物种植设计
轴剖图

图 10-23　法国巴黎维克
多雨果生态街区 (Ecoqu-
artier Victor Hugo) 实景
图 (摄于 2019.04.29)

10.2.5　自生植物群落 + 绿篱

(1) 设计目标

如图 10-24、图 10-25，该植物种植设计模式适用于公园绿地或居住区附属绿地。在该设计模式中以自生植物群落和绿篱为主，能够增加群落的生物多样性、防止杂草入侵、降低维护成本，同时具有良好的景观效果。

(2) 设计模式特点

该设计模式选用功能主导型地被植物，植物群落的主要功能性目标是截留、促渗、低维护管理、增加生物多样性。自生植物群落结构复杂、高低层次分明，外侧搭配绿篱，有利于营造整齐有序的景观效果。

(3) 设计策略

a) 在蓄水区和缓冲区的植物是自生植物群落搭配草坪，蓄水区植物满足耐干旱、耐水淹、抗污染、净化能力强的要求。草坪推荐植物

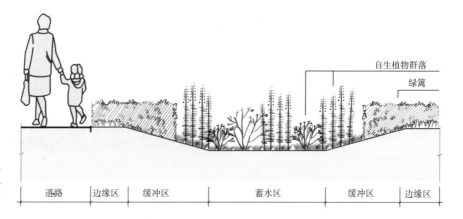

图 10-24　自生植物群落 + 绿篱地被植物种植设计立面图

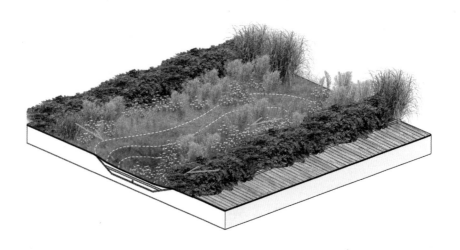

图 10-25　自生植物群落 + 绿篱地被植物种植设计轴剖图

有结缕草、白花车轴草、野牛草、狗尾草、矮麦冬等。

b) 配植在缓冲区的灌木需要满足耐冲刷、耐干旱、耐水淹的特点。该区域的植物选择可参考本导则第 1 部分的附录 1。推荐的植物有小叶女贞、小叶黄杨、豆瓣黄杨、红叶石楠等。

(4) 对应案例

如图 10-26，该类型植物种植设计模式摄于沣西新城康定和园居住小区。该场地植物以自生地被植物群落为主，外侧生长绿篱，整体景观效果自然且有序。同时自生植物群落能够增加生物多样性和促进低维护管理。

图 10-26 沣西新城康定和园小区实景图（摄于 2018.09）

10.2.6 灌木 + 草坪

(1) 设计目标

如图 10-27、如图 10-28，该植物种植设计模式适用于公园绿地。在该设计模式中以根系发达的草坪作为地面覆盖层搭配灌木球，可防止其他杂草的入侵，促进低维护管理。

(2) 设计模式特点

该设计模式主要选用的是功能主导型地被植物，植物群落的主要功能性目标是截留、促渗、去除污染。群落整体结构简单、高低层次分明，以灌木球作为焦点结构层植物，以根系发达、低维护的草本植

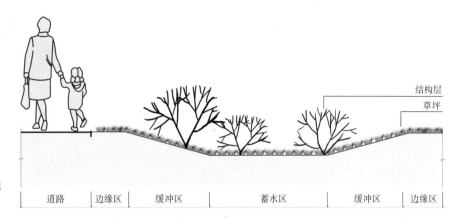

图 10-27　灌木 + 草坪地被植物种植设计立面图

道路 ｜ 边缘区 ｜ 缓冲区 ｜ 蓄水区 ｜ 缓冲区 ｜ 边缘区

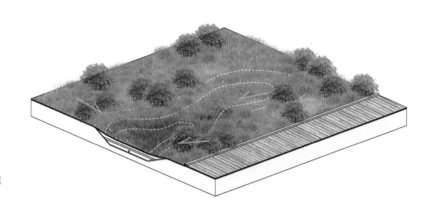

图 10-28　灌木 + 草坪地被植物种植设计轴剖图

物作为地面覆盖层植物，营造出简洁疏朗的视觉效果。

(3) 设计策略

a) 在蓄水区种植灌木球搭配草坪，植物需要具有耐干旱、耐水淹、抗污染、净化能力强的特点。灌木植物选择参考本导则第 1 部分附录 1。推荐的植物如小叶女贞、小叶黄杨、豆瓣黄杨、红叶石楠等。

b) 分布于缓冲区的植物满足耐干旱、耐水淹、耐冲刷的特点，边缘区的植物满足耐干旱的特点。缓冲区和边缘区的植物以草坪为主，可根据场地条件搭配低矮的自生植物群落或低矮的季节主题层植物或灌木。植物选择可参考本导则第 1 部分附录 1。

(4) 应用案例

如图 10-29，该植物种植模式的应用案例为法国巴黎维克多生态街区生物滞留设施，以灌木球作为该植物群落的结构层，以低矮的草坪作为群落的地面覆盖层。

113

图 10-29 法国巴黎维克多雨果生态街区（Ecoquartier Victor Hugo）实景图（摄于 2019.04.29）

10.2.7 焦点结构 + 草坪

(1) 设计目标

如图 10-30、图 10-31，该植物种植设计模式适用于公园绿地或居住区附属绿地。在该模式中以植株较高的多年生草本地被植物作为结构层，搭配季节主题层植物和地面覆盖层植物，营造自然活泼、富有野趣的视觉景观效果。

(2) 设计模式特点

该设计模式主要选用景观主导型地被植物，植物群落高低层次分明、季相景观效果丰富。以多年生地被植物作为结构层，搭配花期不同的季节主题层植物，营造丰富多变的季节景观效果，同时增加生物多样性。部分结构层和季节主题层植物能够营造良好的冬季景观。

(3) 设计策略

a) 蓄水区配植的植物需要满足耐干旱、耐水淹、抗污染、净化能力强的要求。在该区域种植多年生草本植物，高度控制在 60 ～ 150cm，作为结构层；季节主题层的植物选用花期不同的植物，高度宜控制在 30 ～ 50cm。植物选择可参考本导则第 1 部分的附录 1。结构层植物推荐如狼尾草、蒲苇、细叶芒、芦苇等。季节主题层植物

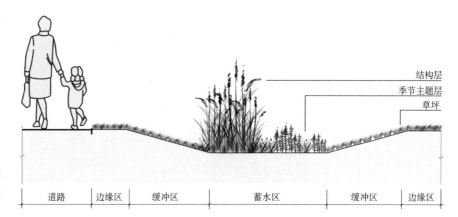

图 10-30　焦点结构 + 草坪地被植物种植设计立面图

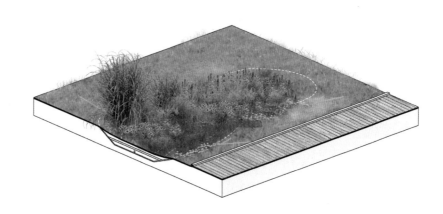

图 10-31　焦点结构 + 草坪地被植物种植设计轴剖图

推荐如千屈菜、假龙头花、金光菊、马蔺等。

　　b) 缓冲区配植的植物需要满足耐干旱、耐水淹、耐冲刷的要求，边缘区配植的植物满足耐干旱的要求。在缓冲区和边缘区以地面覆盖层植物为主，可根据场地条件或需求搭配低矮的季节主题层植物或低矮的自生植物群落。植物选择可参考本导则第 1 部分的附录 1。

(4) 应用案例

　　该种植设计模式应用案例为沣西新城管委会总部经济园生物滞留设施（图 10-32）。在蓄水区配植结构层和季节主题层植物，在边缘区种植地面覆盖层植物。以细叶芒、蒲苇等高大的禾本科地被植物作为结构层，以鸢尾、千屈菜、蓝花鼠尾草等作为季节主题层。该群落整体高低层次分明、景观效果较好。

图 10-32　沣西新城管委会总部经济园生物滞留设施实景图（摄于 2019.07.23）

10.2.8　高层季节主题层（满铺）＋草坪

(1) 设计目标

　　如图 10-33、图 10-34，该植物种植设计模式适用于公园绿地或居住区附属绿地。在该设计模式中以景观效果良好的季节主题层植物为主，其中有很多蜜源植物，增加群落的生物多样性。

(2) 设计模式特点

　　该设计模式主要选用景观主导型地被植物，整体高度较为均一，选用高层季节主题层植物在蓄水区满铺种植，拥有鲜明的季相景观效果。

(3) 设计策略

　　a) 蓄水区配植的植物满足耐干旱、耐水淹、抗污染、净化能力强的要求。在蓄水区种植花期不同的季节主题层植物，高度宜控制在 50～70cm。植物选择可参考第 1 部分的附录 1。季节主题层植物推荐有松果菊、千屈菜、假龙头花、天蓝鼠尾草、八宝景天等。

　　b) 在缓冲区和边缘区以地面覆盖层植物为主，植物满足耐干旱、耐水淹、耐冲刷的要求，边缘区的植物满足耐干旱的要求。缓冲区植物种植可根据场地条件或需求选择季节主题层植物。植物选择可参考第 1 部分的附录 1。地面覆盖层植物推荐有结缕草、野牛草、狗尾草、矮麦冬等。季节主题层植物推荐有松果菊、千屈菜、假龙头花、天蓝鼠尾草、八宝景天等。

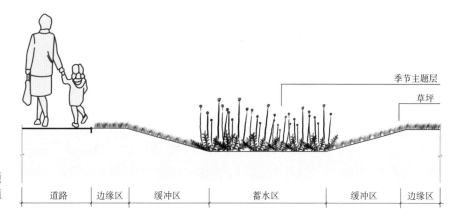

图 10-33　高层季节主题层 + 草坪地被植物种植设计立面图

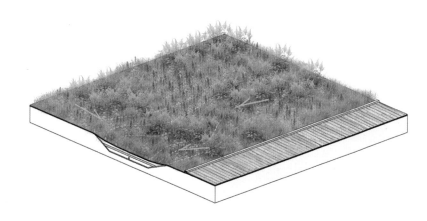

图 10-34　高层季节主题层 + 草坪地被植物种植设计轴剖图

(4) 应用案例

　　该种植设计模式应用案例为法国巴黎维克多雨果生态街区绿地（图 10-35）。以大滨菊作为季节主题层铺满整个场地，整体景观效果干净整洁。

图 10-35　法国巴黎维克多雨果生态街区（Ecoquartier Victor Hugo）实景图（摄于 2019.04.29）

10.2.9 中层季节主题层（满铺）+ 草坪

(1) 设计目标

如图 10-36、图 10-37，该植物种植设计模式适用于公园绿地或居住区附属绿地。在该设计模式中以中层季节主题层植物为主，景观效果良好。其中有很多蜜源植物，增加群落的生物多样性。

(2) 设计模式特点

该设计模式主要选用景观主导型地被植物，配植花期不同的季节主题层植物满铺种植，整体高度较为均一，营造季相特征鲜明的景观效果。

(3) 设计策略

a）蓄水区植物满足耐干旱、耐水淹、抗污染、净化能力强的要求。在蓄水区选择花期不同的季节主题层植物，高度自控制在 30 ～ 50cm。植物选择参考本导则第 1 部分附录 1。季节主题层植物推荐如八宝景天、黄菖蒲、马蔺等。

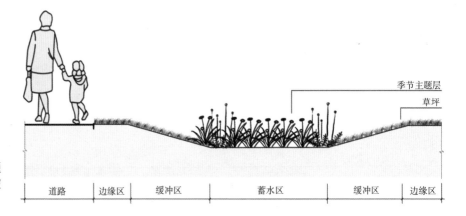

图 10-36 中层季节主题层（满铺）+ 草坪地被植物种植设计立面图

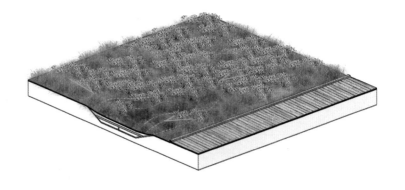

图 10-37 中层季节主题层（满铺）+ 草坪地被植物种植设计轴剖图

　　b）在缓冲区植物满足耐干旱、耐水淹、耐冲刷的要求，边缘区的植物满足耐干旱的要求。缓冲区植物和边缘区以草坪为主，可根据场地条件或需求搭配季节主题层植物或地面覆盖层植物。植物选择可参考第 1 部分附录 1。

(4) 应用案例

　　该种植设计模式应用案例为沣西新城白马河公园生物滞留设施（图 10-38）。该地被植物群落以松果菊作为季节主题层，搭配高度相近的细叶针茅，在设施内满铺种植。松果菊色彩艳丽、花期长且冬季景观效果良好。细叶针茅，姿态自然飘逸。

图 10-38　沣西新城白马河公园生物滞留设施实景图（摄于 2019.07.23）

10.2.10　高层季节主题层（散植）＋草坪

(1) 设计目标

　　如图 10-39、图 10-40，该植物种植设计模式适用于公园绿地或居住区附属绿地。在该设计模式中以景观效果良好的季节主题层植物为主，其中有很多蜜源植物，增加群落的生物多样性。

(2) 设计模式特点

　　该设计模式主要选用景观主导型地被植物，整体高度分为两个层次，较高的季节主题层植物和相对较低的地面覆盖层植物。地面覆盖层植物覆盖设施所有区域，季节主题层植物在蓄水区分散种植。

(3) 设计策略

　　a) 蓄水区配植的植物满足耐干旱、耐水淹、抗污染、净化能

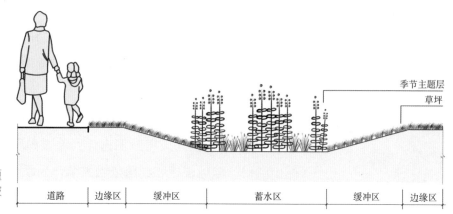

图 10-39　高层季节主题层（散植）+ 草坪地被植物种植设计立面图

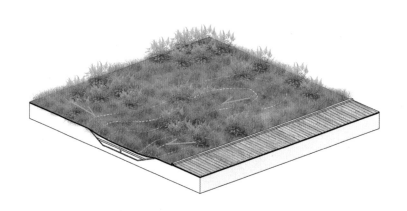

图 10-40　高层季节主题层（散植）+ 草坪地被植物种植设计轴剖图

力强的要求。蓄水区配植的植物以季节主题层植物和地面覆盖层植物为主。选用花期不同的季节主题层植物分散种植，高度宜控制在 50 ～ 70cm。植物选择可参考本导则第 1 部分的附录 1。季节主题层植物推荐有松果菊、千屈菜、假龙头花、天蓝鼠尾草、八宝景天等。地面覆盖层植物推荐有葱莲、矮麦冬、黑麦草等。

b) 在缓冲区植物满足耐干旱、耐水淹、耐冲刷的要求，边缘区的植物满足耐干旱的要求。缓冲区和边缘区植物以草坪为主，可根据场地条件或需求在缓冲区种植灌木或季节主题层植物。植物选择可参考本导则第 1 部分附录 1。地面覆盖层植物推荐如矮麦冬、黑麦草、结缕草、野牛草、狗尾草等。

(4) 对应案例

该植物种植模式的应用案例是沣西新城秦皇大道生物滞留设施（图 10-41）。以狼尾草作为季节主题层散布种植，狼尾草姿态优美，富有自然野趣，给公众带来具有自然野趣的景观体验。

图 10-41 沣西新城秦皇大道生物滞留设施实景图（摄于 2017.07）

10.2.11 生物滞流设施基本形式与地被植物种植设计推荐组合

通过对前期调研内容的分析梳理和归纳总结，以及国外相关案例的考察分析，结合场地条件及生物滞留设施的功能定位和景观需求，提出生物滞留设施的基本形式与地被植物种植设计模式的搭配组合（表 10-1）。其中"√"表示不同形态的生物滞留设施中可适用的地被植物种植设计模式。

生物滞留设施基本形式与地被植物种植设计模式推荐组合　　　　表 10-1

	直角梯形断面Ⅰ形	直角梯形断面Ⅱ形	直角梯形断面Ⅲ形	浅 U 形断面
草坪	√	√	√	√
人工干预下的自生植物群落 + 草坪		√	√	√
自生植物群落 + 草坪			√	√
自生植物群落 + 绿篱			√	√
灌木 + 草坪				√
焦点结构 + 草坪			√	√
高层季节主题层（满铺） + 草坪	√		√	√
中层季节主题层（满铺） + 草坪	√	√	√	√
高层季节主题层（散植） + 草坪	√		√	√